建筑工程施工组织与安全管理研究

褚桂琰　杨伟光　王　磊　著

吉林科学技术出版社

图书在版编目（CIP）数据

建筑工程施工组织与安全管理研究 / 褚桂琰，杨伟光，王磊著．-- 长春：吉林科学技术出版社，2023.6
ISBN 978-7-5744-0650-6

Ⅰ．①建… Ⅱ．①褚… ②杨… ③王… Ⅲ．①建筑施工—施工组织②建筑施工—安全管理 Ⅳ．① TU71

中国国家版本馆 CIP 数据核字（2023）第 136526 号

建筑工程施工组织与安全管理研究

著	褚桂琰 杨伟光 王 磊
出 版 人	宛 霞
责任编辑	李万良
封面设计	树人教育
制 版	树人教育
幅面尺寸	185mm×260mm
开 本	16
字 数	330 千字
印 张	15
印 数	1–1500 册
版 次	2023年6月第1版
印 次	2024年2月第1次印刷

出 版	吉林科学技术出版社
发 行	吉林科学技术出版社
地 址	长春市福祉大路5788号
邮 编	130118
发行部电话/传真	0431-81629529 81629530 81629531
	81629532 81629533 81629534
储运部电话	0431-86059116
编辑部电话	0431-81629518
印 刷	三河市嵩川印刷有限公司

书 号	ISBN 978-7-5744-0650-6
定 价	90.00元

前　言

现代建筑施工是一项十分复杂的系统工程。一个大型建设项目的建筑施工，不但要组织各专业的工人队伍和数量众多的施工机械、设备，还要在一个特定的时间和空间条件下，有条不紊地进行建筑产品的建造；组织建筑材料、制品和结构配件的生产、运输和供应工作；组织施工机器的供应、维修和保养；组织建设临时供水、供电、供热，以及安排生产、生活所需的各种临时建筑物等。一个大型项目的投资数额大，建设周期长，给工程的组织协调带来一定难度。因此，做好工程施工组织具有十分重要的意义。

本书首先对建筑工程做了概述，讲述了建筑施工组织的相关理论，其次研究了施工组织总设计、单位工程施工组织设计、建筑工程施工质量管理与控制，最后概括了建筑工程安全管理、安全施工用电、建筑工程安全管理法律体系的内容。本书注重学生专业知识和专业技能的培养，侧重培养学生的学习能力和实践能力。本书可供相关领域的工程技术人员学习、参考。

本书第一、二、七、八章节为褚桂琰撰写，约12万字符。

本书编写过程中借鉴了一些专家学者研究成果和资料，在此特向他们表示感谢。由于编写时间仓促，编写水平有限，不足之处在所难免，恳请专家和广大读者提出宝贵意见，予以批评指正，以便改进。

目录

第一章 建筑工程概述

第一节 建筑历史及发展

一、中国建筑史

中国建筑以长江、黄河一带为中心，受地区影响，其建筑形式类似，所使用的材料、工法、营造语言、空间、艺术表现与此地区相同或雷同的建筑，皆可称为中国建筑。中国古代建筑的形成和发展具有悠久的历史。由于中国幅员辽阔，各处的气候、人文、地质等条件各不相同，从而形成了各具特色的建筑风格。其中，民居形式尤为丰富多彩，如南方的干栏式建筑、西北的窑洞建筑、游牧民族的毡包建筑、北方的四合院建筑等。

中国建筑史主要分为中国古代建筑史及中国近现代建筑史。

（一）中国古代建筑史

1. 原始时期的建筑

原始时期的建筑活动是中国建筑设计史的萌芽，为后来的建筑设计奠定了良好的基础，建筑制度逐渐形成。中国社会的奴隶制度自夏朝开始，经殷商、西周到春秋战国时期结束，直到封建制度萌芽，前后历经了 1600 余年。在严格的宗法制度下，统治者设计建造了规模相当大的宫殿和陵墓，和当时奴隶居住的简易建筑形成了鲜明的对比，从而反映出当时尖锐的社会阶级对立矛盾。

建筑材料的更新和瓦的发明是周朝在建筑上的突出成就，使古代建筑从"茅茨土阶"的简陋状态逐渐进入了比较高级的阶段，建筑夯筑技术日趋成熟。自夏朝开始的夯土构筑法在我国沿用了很长时间，直至宋朝才逐渐采用内部夯土、外部砌砖的方法构筑城墙，明朝中期以后才普遍使用砖砌法。

此外，原始时期人们设计建造了很多以高台宫室为中心的大、小城市，开始使用砖、瓦、彩画及斗拱梁枋等设计建造房屋，中国建筑的某些重要的艺术特征已经初步形成，如方整规则的庭院，纵轴对称的布局，木梁架的结构体系，以及由屋顶、屋身、基座组成的单体造型。自此开始，传统的建筑结构体系及整体设计观念开始成型，对后世的城市规划、宫殿、坛庙、陵墓乃至民居产生了深远的影响。

这一时期的典型建筑如图 1-1 和图 1-2 所示。

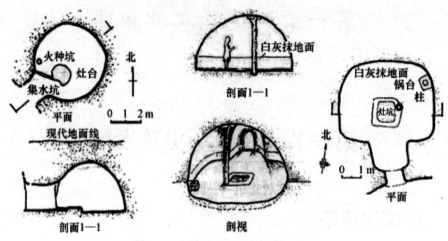

图1-1　山西岔沟龙山文化洞穴遗址

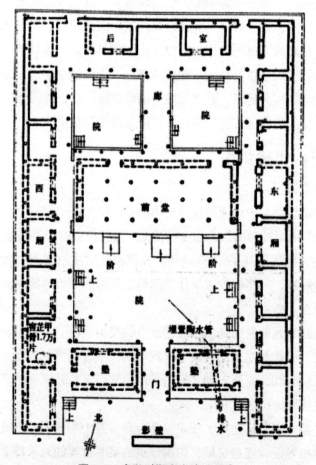

图1-2　春秋时期宫室遗址示意

2. 秦汉时期的建筑

秦汉时期 400 余年的建筑活动处于中国建筑设计史的发育阶段，秦汉建筑是在商周已初步形成的某些重要艺术特点的基础上发展而来的。秦汉建筑类型以都城、宫室、陵墓和祭祀建筑（礼制建筑）为主，还包括汉代晚期出现的佛教建筑。都城规划形式由商周的规矩对称，经春秋战国向自由格局的骤变，又逐渐回归于规整，整体面貌呈高墙封闭式。宫殿、陵墓建筑主体为高大的团块状台榭式建筑，周边的重要单体多呈十字轴线对称组合，以门、回廊或较低矮的次要房屋衬托主体建筑的庄严、重要，使整体建筑群呈现主从有序、富于变化的院落式群体组合轮廓。祭祀建筑也是汉代的重要建筑类型，其主体仍为春秋战国以来盛行的高台建筑，呈团块状，取十字轴线对称组合，尺度巨大，形象突出，追求象征含义。从现存的汉阙、壁画、画像砖、冥器中可以看出，秦汉建筑的尺度巨大，柱阑额、梁枋、屋檐都是直线，外观为直柱、水平阑额和屋檐，平坡屋顶，已经出现了屋坡的折线"反字"（指屋檐上的瓦头仰起，呈中间、凹四周高的形状），但还没有形成曲线或曲面的建筑外观，风格豪放朴拙、端庄严肃，建筑装饰色彩丰富，题材诡谲，造型夸张，呈现出质朴的风貌。

秦汉时期社会生产力的极大提高，促使制陶业的生产规模、烧造技术、数量和质量都超越了以往的任何时代，秦汉时期的建筑因而得以大量使用陶器，其中最具特色的就是画像砖和刻有各种纹饰的瓦当，素有"秦砖汉瓦"之称。

这一时期的典型建筑如图 1-3 和图 1-4 所示。

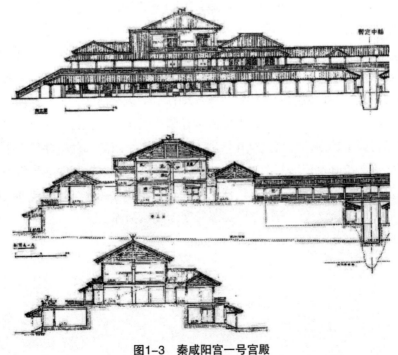

图1-3　秦咸阳宫一号宫殿

图1-4　四川雅安高颐阙（汉代）

3.魏晋南北朝时期的建筑

魏晋南北朝时期是古代中国建筑设计史上的过渡与发展时期。北方少数民族进入中原，中原士族南迁，形成了民族大迁徙、大融合的复杂局面。这一时期的宫殿与佛教建筑广泛融合了中外各民族、各地域的设计特点，建筑创作活动极为活跃。士族标榜旷达风流，文人退隐山林，崇尚自然清闲的生活，促使园林建筑中的土山、钓台、曲沼、飞梁、重阁等叠石造景技术得到了提高，江南建筑开始进入设计舞台。跟随佛教一并传入中国的印度、中亚地区的雕刻、绘画及装饰艺术对中国的建筑设计产生了显著而深远的影响，它使中国建筑的装饰设计形式更为丰富多样，广泛采用莲花、卷草纹和火焰纹等装饰纹样，促使魏晋南北朝时期的建筑从汉代的质朴醇厚逐渐转变为成熟圆浑。

这一时期的典型建筑如图1-5和图1-6所示。

图1-5 甘肃敦煌莫高窟

图1-6 山西悬空寺（北魏晚期）

4. 隋唐、五代十国时期的建筑

隋唐时期是古代中国建筑设计史上的成熟期。隋唐时期结束分裂，完成统一，政治安定，经济繁荣，国力强盛，与外来文化交流频繁，建筑设计体系更趋完善，在城市建设、木架建筑、砖石建筑、建筑装饰和施工管理等方面都有巨大的发展，建筑设计艺术取得了空前的成就。

在建筑制度设计方面，汉代儒家倡导的以周礼为本的一套以祭祀宗庙、天地、社稷、五岳等为目的相关建筑的制度，发展到隋唐时期已臻于完备，订立了专门的法规制度以控制建筑规模，建筑设计逐步定型并标准化，基本上为后世所遵循。

在建筑构件结构方面，隋唐时期木构件的标准化程度极高，斗拱等结构构件完善，木构架建筑设计体系成熟，并出现了专门负责设计和组织施工的专业建筑师，建筑规模空前巨大。现存的隋唐时期木构建筑的斗拱结构、柱式形象及梁枋加工等都充分展示了结构技术与艺术形象的完美统一。

在建筑形式及风格方面，隋唐时期的建筑设计十分强调整体的和谐，整体建筑群的设计手法更趋成熟，通过强调纵轴方向的陪衬手法，加强突出了主体建筑的空间组合，单体建筑造型浑厚质朴，细节设计柔和精美，内部空间组合变化适度，视觉感受雄浑大度。这种设计手法正是明清建筑布局形式的渊源。建筑类型以都城、宫殿、陵墓、佛教建筑和园林为主，城市设计完全规整化且分区合理。宫殿建筑组群极富组织性，风格舒展大度；佛教建筑格调积极欢愉；陵墓建筑依山营建，与自然和谐统一；园林建筑已出现皇家园林与私家园林的风格差别，皇家园林气势磅礴，私家园林幽远深邃，艺术意境极高。隋唐时期简洁明快的色调、舒展平远的屋顶、朴实无华的门窗无不给人以庄重大方的印象，这是宋、元、明、清建筑设计所没有的特色。

这一时期的典型建筑如图 1-7 和图 1-8 所示。

图1-7　陕西乾县乾陵（唐朝）

图1-8 南京的栖霞寺舍利塔（南唐时期）

5. 宋、辽、金、西夏时期的建筑

宋朝是古代中国建筑设计史上的全盛期，辽承唐制，金随宋风，西夏别具一格，多种民族风格的建筑共存是这一时期的建筑设计特点。宋朝的建筑学、地学等都达到了很高的水平，如"虹桥"（飞桥）是无柱木梁拱桥（即垒梁拱），达到了我国古代木桥结构设计的最高水平；建筑制度更为完善，礼制有了更加严格的规定，并编写了专门书籍以严格规定建筑等级、结构做法及规范要领；建筑风格逐渐转型，宋朝建筑虽不再有唐朝建筑的雄浑阳刚之气，却创造出了一种符合自己时代气质的阴柔之美；建筑形式更加多样，流行仿木构建筑形式的砖石塔和墓葬，设计了各种形式的殿阁楼台、寺塔和墓室建筑，宫殿规模虽然远小于隋唐，但序列组合更为丰富细腻，祭祀建筑布局严整细致，佛教建筑略显衰退，都城设计仍然规整方正，私家园林和皇家园林建筑设计活动更加活跃，并显示出细腻的倾向，官式建筑完全定型，结构简化而装饰性强；建筑技术及施工管理等都取得了进步，出现了《木经》《营造法式》等关于建筑营造总结性的专门书籍；建筑细节与色彩装饰设计受宠，普遍采用彩绘、雕刻及琉璃砖瓦等装饰建筑，统治阶级追求豪华绚丽，宫殿建筑大量使用黄琉璃瓦和红宫墙，创造出一种金碧辉煌的艺术效果，市民阶层的兴起使审美趣味更趋近日常生活，这些建筑设计活动对后世产生了极为深远的影响。辽、金的建筑以汉唐以来逐步发展的中原木构体系为基础，广泛吸收其他民族的建筑设计手法，不断改进完善，逐步完成了上承唐朝、下启元朝的历史过渡。这一时期的典型建筑如图1-9和图1-10所示。

图1-9 上海圆智教寺护珠宝光塔（宋朝）

图1-10 山西应县木塔（辽代）

6.元、明、清时期的建筑

元、明、清时期是古代中国建筑设计史上的顶峰时期，是中国传统建筑设计艺术的充实与总结阶段，中外建筑设计文化的交流融合得到了进一步的加强，在建材装修、园林设计、建筑群体组合、空间氛围的设计上都取得了显著的成就。元、明、清时期的建筑呈现出规模宏大、形体简练、细节繁复的设计形象。元朝建筑以大都为中心，其材料、结构、布局、装饰形式等基本沿袭唐、宋以来的传统设计形制，部分地方继承了辽、金的建筑特点，开创了明、清北京建筑的原始规模。因此，在建筑设计史上普遍将元、明、清作为一个时期进行探讨。这一时期的建筑趋向程式化和装饰化，建筑的地方特色和多种民族风格在这个时期得到了充分的发展，建筑遗址留存至今，成为今天城市建筑的重要组成部分，对当代中国的城市生活和建筑设计活动产生了深远的影响。

元、明、清时期建筑设计的最大成就表现在园林设计领域，明朝的江南私家园林和清朝的北方皇家园林都是最具设计艺术性的古代建筑群。中国历代都建有大量宫殿，但只有明、清时期的宫殿——北京故宫、沈阳故宫得以保留至今，成为中华文化的无价之宝。现存的古城市和南、北方民居也基本建于这一时期。明、清北京城，明南京城是明、清城市的杰出代表。北京的四合院和江浙一带的民居则是中国民居最成功的范例。坛庙和帝王陵墓都是古代重要的建筑，目前，北京依然较完整地保留了明、清两朝祭祀天地、社稷和帝王祖先的国家最高级别坛庙。其中，最杰出的代表是北京天坛。明朝帝陵在继承前朝形制的基础上自成一格，而清朝基本上继承了明朝制度，明十三陵是明、清帝陵中最具代表性的艺术作品。元、明、清时期的单体建筑形式逐渐精炼化，设计符号性增强，不再采用生起、侧脚、卷杀，斗拱比例缩小，出檐深度减小，柱细长，梁枋沉重，屋顶的柔和线条消失，不同于唐、宋建筑的浪漫柔和，这一时期的建筑呈现出稳重严谨的设计风格。建筑组群采用院落重叠纵向扩展的设计形式，与左、右横向扩展配合，通过不同封闭空间的变化突出主体建筑。

这一时期的典型建筑如图1-11 ~图1-14所示。

图1-11　北京妙应寺白塔（元朝）

图1-12　北京明十三陵定陵（明朝）

图1-13　苏州留园（明、清时期）

图1-14　北京紫禁城（清朝）

（二）中国近现代建筑

19世纪末至20世纪初是近代中国建筑设计的转型时期，也是中国建筑设计发展史上一个承上启下、中西交汇、新旧接替的过渡时期，既有新城区、新建筑的急速转型，又有旧乡土建筑的矜持保守；既交织着中、西建筑设计文化的碰撞，也经历了近、现代建筑的历史传承，有着错综复杂的时空关联。半封建半殖民地的社会性质决定了清末民国时期对待外来文化采取包容与吸收的建筑设计态度，使部分建筑出现了中西合璧的设计形象，园林里也常有西洋门面、西洋栏杆、西式纹样等。这一时期成为我国建筑设计演进过程的一个重要阶段。其发展历程经历了产生、转型、鼎盛、停滞、恢复五个阶段，主要建筑风格有折中主义、古典主义、近代中国宫殿式、新民族形式、现代派及中国传统民族形式六种，从中可以看出晚清民国时期的建筑设计经历了由照搬照抄到西学中用的发展过程，其构件结构与风格形式既体现了近代以来西方建筑风格对中国的影响，又保持了中国民族传统的建筑特色。

中西方建筑设计技术、风格的融合，在南京的民国建筑中表现最为明显，它全面展现了中国传统建筑向现代建筑的演变，在中国建筑设计发展史上具有重要的意义。时至今日，南京的大部分民国建筑依然保存完好，构成了南京有别于其他城市的独特风貌，南京也因此被形象地称为"民国建筑的大本营"。另外，由外国输入的建筑及散布于城乡的教会建筑发展而来的居住建筑、公共建筑、工业建筑的主要类型已大体齐备，相关建筑工业体系也已初步建立。大量早期留洋学习建筑的中国学生回国后，带来了西方现代建筑思想，创办了中国最早的建筑事务所及建筑教育机构。刚刚登上设计舞台的中国建筑师，一方面探索着西方建筑与中国建筑固有形式的结合，并试图在中、西建筑文化的有效碰撞中寻找适宜的融合点；另一方面又面临着走向现代主义的时代挑战，这些都要求中国建筑师能够紧跟先进的建筑潮流。

1949 年中华人民共和国成立后，外国资本主义经济的在华势力消亡，逐渐形成了社会主义国有经济，大规模的国民经济建设推动了建筑业的蓬勃发展，我国建筑设计进入了新的发展时期。我国现代建筑在数量上、规模上、类型上、地区分布上、现代化水平上都突破了近代的局限，展示出崭新的姿态。时至今日，中国传统式与西方现代式两种设计思潮的碰撞与交融在中国建筑设计的发展进程中仍然存在，将民族风格和现代元素相结合的设计作品也越来越多，有复兴传统式的建筑，即保持传统与地方建筑的基本构筑形式，并加以简化处理，突出其文化特色与形式特征；有发展传统式的建筑，其设计手法更加讲究传统或地方的符号性和象征性，在结构形式上不一定遵循传统方式；也有扩展传统式的建筑，就是将传统形式从功能上扩展为现代用途，如我国建筑师吴良镛设计的北京菊儿胡同住宅群，就是结合了北京传统四合院的构造特征，并进行重叠、反复、延伸处理，使其功能和内容更符合现代生活的需要；还有重新诠释传统的建筑，它是指仅将传统符号或色彩作为标志以强调建筑的文脉，类似于后现代主义的某些设计手法。总而言之，我国的建筑设计曾经灿烂辉煌，或许在将来的某一天能够重新焕发光彩，成为世界建筑设计思潮的另一种选择。这一时期的典型建筑如图 1-15 ~图 1-17 所示。

图1-15　南京中山陵（民国时期）

图1-16　上海沙逊大厦

图1-17　国家大剧院

二、外国建筑史

（一）外国古代建筑

图1-18　古埃及胡夫金字塔

1. 古埃及建筑

古埃及是世界上最古老的国家之一，古埃及的领土包括上埃及和下埃及两部分。上埃及位于尼罗河中游的峡谷，下埃及位于河口三角洲。大约在公元前3000年，古埃及成为统一的奴隶制帝国，形成了中央集权的皇帝专制制度，出现了强大的祭司阶层，也产生了人类第一批以宫殿、陵墓及庙宇为主体的巨大的纪念性建筑物。按照古埃及的历史分期，其代表性建筑可分为古王国时期、中王国时期及新王国时期建筑类型。

古王国时期的主要劳动力是氏族公社成员，庞大的金字塔就是他们建造的。这一时期的建筑物反映着原始的拜物教，纪念性建筑物是单纯而开阔的，如图1-18所示。

中王国时期，在山岩上开凿石窟陵墓的建筑形式开始盛行，陵墓建筑采用梁柱结构构成比较宽敞的内部空间，以建于公元前2000年前后的曼都赫特普三世陵墓（图1-19）为典型代表，开创了陵墓建筑群设计的新形制。

新王国时期是古埃及建筑发展的鼎盛时期，这时已不再建造巍然屹立的金字塔陵墓，而是将荒山作为天然金字塔，沿着山坡的侧面开凿地道，修建豪华的地下陵寝，其中以拉美西斯二世陵墓和图坦卡蒙陵墓最为奢华。与此同时，由于宗教专制统治极为森严，法老被视为阿蒙神（太阳神）的化身，太阳神庙取代陵墓而成为这一时期的主要建筑类型，建筑设计艺术的重点已从外部形象转到了内部空间，从外观雄伟而广阔的纪念性转到了内部的神秘性与压抑感。神庙主要由围有柱廊的内庭院、接受臣民朝拜的大柱厅，以及只许法老和僧侣进入的神堂密室三部分组成。其中规模最大的是卡纳克和卢克索的阿蒙神庙（图1-20）。

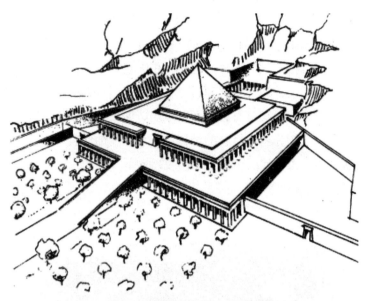

图1-19　曼都赫特普三世陵墓

图1-20　古埃及阿蒙神庙法老雕像

2. 两河流域及波斯帝国建筑

两河流域地处亚非欧三大洲的衔接处，位于底格里斯河和幼发拉底河中下游，通常被称为西亚美索不达米亚平原（希腊语意为"两河之间的土地"今伊拉克地区），是古代人类文明的重要发源地之一。公元前3500年—前4世纪，在这里曾经建立过许多国家，依次建立的奴隶制国家有古巴比伦王国（公元前19—前16世纪）、亚述帝国（公元前8—前7世纪）、新巴比伦王国（公元前626—前539年）和波斯帝国（公元前6—前4世纪）。

两河流域的建筑成就在于创造了将基本原料用于建筑的结构体系和装饰方法。两河流域气候炎热多雨，盛产黏土，缺乏木材和石材，因而人们从夯土墙开始，发展出土坯砖、烧砖的筑墙技术，并以沥青、陶钉石板贴面及琉璃砖保护墙面，使材料、结构、构造与造型有机结合，创造了以土作为基本材料的结构体系和墙体饰面装饰方法，对后来的拜占庭建筑和伊斯兰建筑影响很大，如图1-21～图1-23所示。

图1-21　乌尔的观象台

图1-22　古巴比伦空中花园示意

图1-23　古代波斯帝国都城波斯波利斯遗址

图1-24　克诺索斯的米诺王宫

3. 爱琴文明时期的建筑

爱琴文明是公元前 20 世纪—前 12 世纪存在于地中海东部的爱琴海岛、希腊半岛及小亚细亚西部的欧洲史前文明的总称，也曾被称为迈锡尼文明。爱琴文明发祥于克里特岛，是古希腊文明的开端，也是西方文明的源头。其宫室建筑及绘画艺术十分发达，是世界古代文明的一个重要代表，如图 1-24 所示。

4. 古希腊建筑

古希腊建筑经历了三个主要发展时期：公元前 8 世纪—前 6 世纪，纪念性建筑形成的古风时期；公元前 5 世纪，纪念性建筑成熟、古希腊本土建筑繁荣昌盛的古典时期；公元前 4 世纪—前 1 世纪，古希腊文化广泛传播到西亚北非地区并与当地传统相融合的希腊化时期。

古希腊建筑除屋架外全部使用石材设计建造，柱子、额枋、檐部的设计手法基本确定了古希腊建筑的外貌，通过长期的推敲改进，古希腊人设计了一整套做法，定型了多立克、爱奥尼克、科林斯三种主要柱式，如图 1-25 所示。

图1-25　古希腊柱式示意

（a）古希腊多立克柱式；（b）古希腊爱奥尼克柱式；（c）古希腊科林斯柱式

古希腊建筑是人类建筑设计发展史上的伟大成就之一，给人类留下了不朽的艺术经典，如图 1-26 和图 1-27 所示。古希腊建筑通过自身的尺度感、体量感、材料质感、造型色彩及建筑自身所承载的绘画和雕刻艺术给人以巨大强烈的震撼感，其梁柱结构、建筑构件特定的组合方式及艺术修饰手法等设计语汇广泛地影响着后人的建筑设计风格，几乎贯穿于整个欧洲 2000 年的建筑设计活动，无论是文艺复兴时期、巴洛克时期、洛可可时期，还是集体主义时期，都可以见到古希腊设计语汇的再现。因此，可以说古希腊是西方建筑设计的开拓者。

图1-26　雅典卫城远景

图1-27 古希腊帕特农神庙遗址

5. 古罗马建筑

古罗马文明通常是指从公元前9世纪初在意大利半岛中部兴起的文明。古罗马文明在自身的传统上广泛汲取东方文明与古希腊文明的精华。在罗马帝国产生和发展起来的基督教，对整个人类，尤其是欧洲文化的发展产生了极为深远的影响。

古罗马建筑除使用砖、木、石外，还使用了强度高、施工方便、价格低的火山灰混凝土，以满足建筑拱券的需求，并发明了相应的支模、混凝土浇灌及大理石饰面技术。古罗马建筑为满足各种复杂的功能要求，设计了筒拱、交叉拱、十字拱、穹隆（半球形）及拱券平衡技术等一整套复杂的结构体系，如图1-28和图1-29所示。

图1-28 古罗马万神庙内部

图1-29　君士坦丁凯旋门

（二）欧洲中世纪的建筑

1. 拜占庭建筑

在建筑设计的发展阶段方面，拜占庭大量保留和继承了古希腊、古罗马及波斯、两河流域的建筑艺术成就，并且具有强烈的文化世俗性。拜占庭建筑为砖石结构，局部加以混凝土，从建筑元素来看，拜占庭建筑包含了古代西亚的砖石券顶、古希腊的古典柱式和古罗马建筑规模宏大的尺度，以及巴西利卡的建筑形式，并发展了古罗马的穹顶结构和集中式形制，设计了4个或更多独立柱支撑的穹顶、帆拱、鼓座相结合的结构方法和穹顶统率下的集中式建筑形制。其教堂的设计布局可分为三类：巴西利卡式（如圣索菲亚教堂）、集中式（平面为圆形或正多边形）（图1-30）及希腊十字式。

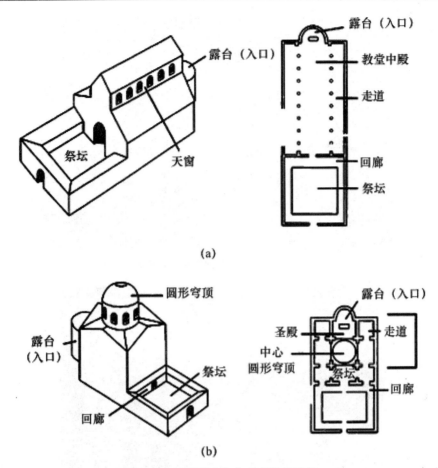

图1-30　巴西利卡与集中式教堂示意

（a）巴西利卡式教堂；（b）集中式教堂

2. 罗马式建筑

公元9世纪，西欧正式进入封建社会，这时的建筑形式继承了古罗马的半圆形拱券结构，采用传统的十字拱及简化的古典柱式和细部装饰，以拱顶取代了早期基督教堂的木屋顶，创造了扶壁、肋骨拱与束柱结构。因其形式略有罗马风格，故称为罗马式建筑。意大利比萨大教堂建筑群就是其代表，如图1-31和图1-32所示。

罗马式建筑最突出的特点是创造了一种新的结构体系，即将原来的梁柱结构体系、拱券结构体系变成了由束柱、肋骨拱、扶壁组成的框架结构体系。框架结构的实质是将承力结构和围护材料分开，承力结构组成一个有机的整体，使围护材料可做得轻薄。

图1-31 意大利比萨大教堂外观

图1-32 意大利比萨大教堂内部

图1-33 意大利米兰大教堂外观

3. 哥特式建筑

哥特式建筑的特点是拥有高耸尖塔、尖形拱门、大窗户及绘有圣经故事的花窗玻璃；在设计中利用尖肋拱顶、飞扶壁、修长的束柱，营造出轻盈修长的飞天感；使用新的框架结构以增加支撑顶部的力量，使整个建筑拥有直升线条、雄伟的外观，并使教堂内空间开阔，再结合镶着彩色玻璃的长窗，使教堂内产生一种浓厚的宗教气氛，如图 1-33 所示。

（三）欧洲 15—18 世纪的建筑

1. 意大利文艺复兴时期的建筑

文艺复兴运动产生于 14—15 世纪，随着生产技术和自然科学的进步，以意大利为中心的思想文化领域发生了反封建、反宗教神学的运动。佛罗伦萨、热那亚、威尼斯三个城市成为意大利乃至整个欧洲文艺复兴的发源地和发展中心。15 世纪，人文主义思想在意大利得到了蓬勃发展，人们开始狂热地学习古典文化，随之打破了封建教会长期垄断的局面，为新兴的资本主义制度开拓了道路。16 世纪是意大利文艺复兴高度繁荣的时期，出现了达·芬奇、米开朗基罗和拉斐尔等伟大的艺术家。历史上将文艺复兴的年代广泛界定为 15—18 世纪长达 400 余年的这段时期，文艺复兴运动真正奠定了"建筑师"这个名词的意义，这为当时的社会思潮融入建筑设计领域找到了一个切入点。如果说文艺复兴以前的建筑和文化的联系多处于一种半自然的自发行为，那么，文艺复兴以后的建筑设计和人文思想的紧密结合就肯定是一种非偶然的人为行为，这种对建筑的理解一直影响着后世的各种流派。意大利文艺复兴时期典型的建筑如图 1-34 ~ 图 1-36 所示。

2. 法国古典主义建筑

法国古典主义是指 17 世纪流行于西欧，特别是法国的一种文学思潮，因为它在文艺理论和创作实践上以古希腊、古罗马为典范，故被称为"古典主义"。16 世纪，在意大利文艺复兴建筑的影响下形成了法国文艺复兴建筑。自此开始，法国建筑的设计风格由哥特式向文艺复兴式过渡。这一时期的建筑设计风格往往将文艺复兴建筑的细节装饰手法融合在哥特式的宫殿、府邸和市民住宅建筑设计中。17—18 世纪上半叶，古典主义建筑设计思潮在欧洲占据统治地位，其广义上是指意大利文艺复兴建筑、巴洛克建筑和洛可可建筑等采用古典形式的建筑设计风格；狭义上则指运用纯正的古典柱式的建筑，即 17 世纪法国专制君权时期的建筑设计风格。法国古典主义典型的建筑如图 1-37 ~ 图 1-39 所示。

图1-34　意大利佛罗伦萨大教堂圆形大穹顶外观

图1-35　圣彼得大教堂

图1-36 美狄奇-吕卡尔第府邸

图1-37 法国巴黎罗浮宫的东立面

图1-38　法国凡尔赛宫内部

图1-39　西班牙教堂立面的洛可可装潢

3. 欧洲其他国家的建筑

16—18 世纪，意大利文艺复兴建筑风靡欧洲，遍及英国、德国、西班牙及北欧各国，并与当地的原有建筑设计风格逐渐融合，如图 1-40 ~ 图 1-44 所示。

图1-40 尼德兰行会大厦

图1-41 英国哈德威克府邸

图1-42 德国海尔布隆市政厅

图1-43　西班牙圣地亚哥大教堂

图1-44　俄罗斯冬宫

（四）欧美资产阶级革命时期的建筑

18—19世纪的欧洲历史是工业文明化的历史，也是现代文明化的历史，或者叫作现代化的历史。18世纪，欧洲各国的君主集权制度大都处于全盛时期，逐渐开始与中国、印度和土耳其进行小规模的通商贸易，并持续在东南亚与大洋洲建立殖民地。在启蒙运动的影响下，欧洲基督教教会的传统思想体系受到挑战，新的文化思潮与科学成果逐渐渗入社会生活的各个方面，民主思潮在欧美各国迅速传播开来。19世纪，工业革命为欧美各国带来了经济技术与科学文化的飞速发展，直接推动了西欧和北美国家的现代工业化进程。这一时期建筑设计艺术的主要体现为：18世纪流行的古典主义逐渐被新古典主义与浪漫主义取代，后又向折中主义发展，为后来欧美建筑设计的多元化发展奠定了基础。

1. 新古典主义

18世纪60年代—19世纪，新古典主义建筑设计风格在欧美一些国家广泛流行。新古典主义也称为古典复兴，是一个独立设计流派的名称，也是文艺复兴运动在建筑界的反映和延续。新古典主义一方面源于对巴洛克和洛可可的艺术反动，另一方面以重振古希腊和古罗马艺术为信念，在保留古典主义端庄、典雅的设计风格的基础上，运用多种新型材料和工艺对传统作品进行改良简化，以形成新型的古典复兴式设计风格（图1-45）。

2. 浪漫主义

18世纪下半叶—19世纪末期，在文学艺术的浪漫主义思潮的影响下，欧美一些国家开始流行一种被称为浪漫主义的建筑设计风格。浪漫主义思潮在建筑设计上表现为强调个性，提倡自然主义，主张运用中世纪的设计风格对抗学院派的古典主义，追求超凡脱俗的趣味和异国情调（图1-46）。

图1-45 新古典主义风格的建筑设计

图1-46 英国议会大厦

3. 折中主义

折中主义是 19 世纪上半叶兴起的一种创作思潮。折中主义任意选择与模仿历史上的各种风格，将它们组合成各种式样，又称为"集仿主义"。折中主义建筑并没有固定的风格，它结构复杂，但讲究比例权衡的推敲，常沉醉于对"纯形式"美的追求（图 1-47 和图 1-48）。

图1-47 巴黎圣心教堂外观

图1-48 巴黎圣心教堂内部

（五）欧美近现代建筑（20世纪以来）

19世纪末20世纪初，以西欧国家为首的欧美国家出现了一场以反传统为主要特征的、广泛突变的文化革新运动，这场狂热的革新浪潮席卷了文化与艺术的方方面面。其中，哲学、美术、雕塑和机器美学等方面的变迁对建筑设计的发展产生了深远的影响。20世纪是欧美各国进行新建筑探索的时期，也是现代建筑设计的形成与发展时期，社会文化的剧烈变迁为建筑设计的全面革新创造了条件（图1-49～图1-52）。

图1-49 莫里斯红屋

图1-50 巴塞罗那米拉公寓

图1-51　德国通用电气公司的厂房建筑车间

图1-52　斯德哥尔摩市的图书馆外观

20世纪60年代以来，由于生产的快速发展和生活水平的提高，人们的意识日益受到机械化大批量与程序化生产的冲击，社会整体文化逐渐趋向于标榜个性与自我回归意识，一场所谓的"后现代主义"社会思潮在欧美社会文化与艺术领域产生并蔓延。美国建筑师文丘里认为"创新可能就意味着从旧的东西中挑挑拣拣""赞成二元论""容许违反前提的推理"，文丘里设计的建筑总会以一种和谐的方式与当地环境相得益彰（图1-53）。美国建筑师罗伯特·斯特恩则明确提出后现代主义建筑采用装饰、具有象征性与隐喻性、与现有整体环境融合的三个设计特征（图1-54、图1-55）。在后现代主义的建筑中，建筑师拼凑、混合、折中了各种不同形式和风格的设计元素，因此，出现了所谓的新理性派、新乡土派、高技派、粗野主义、解构主义、极少主义、生态主义和波普主义等众多设计风格。

图1-53　宾夕法尼亚州文丘里住宅

图1-54　欧洲迪斯尼纽波特海湾俱乐部外观

图1-55　欧洲迪斯尼纽波特海湾俱乐部内部

第二节　建筑的构成要素

建筑的构成要素主要包括建筑功能、物质技术条件、建筑形象。

一、建筑功能

建筑功能是人们建造房屋的目的和使用要求的综合体现。它在建筑中起决定性的作用，对建筑平面布局组合、结构形式、建筑体型等方面都有极大的影响。人们建筑房屋不仅要满足生产、生活、居住等要求，也要适应社会的需求。各类房屋的建筑功能并不是一成不变的，随着科学技术的发展、经济的繁荣，以及物质和文化生活水平的提高，人们对建筑功能的要求也将日益提高。

二、物质技术条件

物质技术条件是实现建筑的手段，包括建筑材料、结构与构造、设备、施工技术等有关方面的内容。建筑水平的提高离不开物质技术条件的发展，而物质技术条件的发展又与社会生产力水平的提高、科学技术的进步有关。建筑技术的进步、建筑设备的完善、新材料的出现、新结构体系的不断产生，有效地促进了建筑朝着大空间、大高度、新结构形式的方向发展。

三、建筑形象

建筑形象是建筑内、外感观的具体体现，因此，必须符合美学的一般规律。它包含建筑形体、空间、线条、色彩、材料质感、细部的处理及装修等方面。由于时代、民族、地域文化、风土人情的不同，人们对建筑形象的理解各不相同，因而出现了不同风格且具有不同使用要求的建筑，如庄严雄伟的执法机构建筑、古朴大方的学校建筑、简洁明快的居住建筑等。成功的建筑应当反映时代特征、民族特点、地方特色和文化色彩，应有一定的文化底蕴，并与周围的建筑和环境有机融合与协调。

建筑的构成三要素是密不可分的，建筑功能是建筑的目的，居于首要地位；物质技术条件是建筑的物质基础，是实现建筑功能的手段；建筑形象是建筑的结果。它们相互制约、相互依存，彼此之间是辩证统一的关系。

第三节　建筑物的分类

人们兴建的供人们生活、学习、工作及从事生产和各种文化活动的房屋或场所称为建筑物，如水池、水塔、支架、烟囱等。间接为人们生产生活提供服务的设施则称为构筑物。

建筑物可从多方面进行分类，常见的分类方法有以下几种：

一、按照使用性质分类

建筑物的使用性质又称为功能要求，建筑物按功能要求可分为民用建筑、工业建筑、农业建筑三类。

（一）民用建筑

民用建筑是指供人们工作、学习、生活的建筑，一般分为以下两种：

1. 居住建筑，如住宅、学校宿舍、别墅、公寓、招待所等。

2. 公共建筑，如办公、行政、文教、商业、医疗、邮电、展览、交通、广播、园林、纪念性建筑等。有些大型公共建筑内部功能比较复杂，可能同时具备上述两个或两个以上的功能，一般把这类建筑称为综合性建筑。

（二）工业建筑

工业建筑是指各类生产用房和生产服务的附属用房，又分为以下三种：

1. 单层工业厂房，主要用于重工业类的生产企业。

2. 多层工业厂房,主要用于轻工业类的生产企业。

3. 层次混合的工业厂房,主要用于化工类的生产企业。

(三)农业建筑

农业建筑是指供人们进行农牧业种植、养殖、贮存等的建筑,如温室、禽舍、仓库农副产品加工厂、种子库等。

二、按照层数或高度分类

建筑物按照层数或高度,可以分为单层、多层、高层、超高层。对后三者,各国划分的标准不同。

我国《民用建筑设计统一标准》的规定,高度不大于27.0m的住宅建筑、建筑高度不大于24.0m的公共建筑及建筑高度大于24.0m的单层公共建筑为低层或多层民用建筑;建筑高度大于27.0m的住宅建筑和建筑高度大于24.0m的非单层公共建筑,且高度不大于100.0m的,为高层民用建筑;建筑高度大于100.0m的为超高层建筑。

三、按照建筑结构形式分类

建筑物按照建筑结构形式,可以分成墙承重、骨架承重、内骨架承重、空间结构承重四类。随着建筑结构理论的发展和新材料、新机械的不断涌现,建筑结构形式也在不断地推陈出新。

1. 墙承重。由墙体承受建筑的全部荷载,墙体担负着承重、围护和分隔的多重任务。这种承重体系适用于内部空间、建筑高度均较小的建筑。

2. 骨架承重。由钢筋混凝土或型钢组成的梁柱体系承受建筑的全部荷载,墙体只起到围护和分隔的作用。这种承重体系适用于跨度大、核载大的高层建筑。

3. 内骨架承重。建筑内部由梁柱体系承重,四周用外墙承重。这种承重体系适用于局部设有较大空间的建筑。

4. 空间结构承重。由钢筋混凝土或钢组成空间结构承受建筑的全部荷载,如网架结构、悬索结构、壳体结构等。这种承重体系适用于大空间建筑。

四、按照承重结构的材料类型分类

从广义上说,结构是指建筑物及其相关组成部分的实体;从狭义上说,结构是指各个工程实体的承重骨架。应用在工程中的结构称为工程结构,如桥梁、堤坝、房屋结构等;局限于房屋建筑中采用的工程结构称为建筑结构。按照承重结构的材料类型,建筑物结构分为金属结构、混凝土结构、钢筋混凝土结构、木结构、砌体结构和组合结构等。

五、按照施工方法分类

建筑物按照施工方法，可分为现浇整体式、预制装配式、装配整体式等。

1. 现浇整体式。指主要承重构件均在施工现场浇筑而成。其优点是整体性好、抗震性能好；其缺点是现场施工的工作量大，需要大量的模板。

2. 预制装配式。指主要承重构件均在预制厂制作，在现场通过焊接拼装成整体。其优点是施工速度快、效率高；其缺点是整体性差、抗震能力弱，不宜在地震区采用。

3. 装配整体式。指一部分构件在现场浇筑而成（大多为竖向构件），另一部分构件在预制厂制作（大多为水平构件）。其特点是现场工作量比现浇整体式少，与预制装配式相比，可省去接头连接件。因此，其兼有现浇整体式和预制装配式的优点，但节点区现场浇筑混凝土施工复杂。

六、按照建筑规模和建造数量的差异分类

民用建筑还可以按照建筑规模和建造数量的差异进行分类。

1. 大型性建筑。主要包括建造数量少、单体面积大、个性强的建筑，如机场候机楼、大型商场、旅馆等。

2. 大量性建筑。主要包括建造数量多、相似性高的建筑，如住宅、宿舍、中小学教学楼、加油站等。

第四节　建筑的等级

建筑的等级包括设计使用等级、耐火等级、工程等级三个方面。

一、建筑的设计使用等级

建筑物的设计使用年限主要根据建筑物的重要性和建筑物的质量标准确定，它是建筑投资、建筑设计和结构构件选材的重要依据。《民用建筑设计统一标准》（GB50352—2019）对建筑物的设计使用年限作了规定。民用建筑共分为四类：1 类建筑的设计使用年限为 5 年，适用于临时性建筑；2 类建筑的设计使用年限为 25 年，适用于易于替换结构构件的建筑；3 类建筑的设计使用年限为 50 年，适用于普通建筑和构筑物；4 类建筑的设计使用年限为 100 年，适用于纪念性建筑和特别重要的建筑。

二、建筑的耐火等级

建筑的耐火等级取决于建筑主要构件的耐火极限和燃烧性能。耐火极限是指对任一建筑构件按时间-温度标准曲线进行耐火试验，构件从受到火的作用时起，到失去支持能力或完整性破坏或失去隔火作用时止的这段时间，以 h 为单位。《建筑设计防火规范（2018年版）》（GB 50016—2014）规定民用建筑的耐火等级分为一级、二级、三级、四级。

三、建筑的工程等级

建筑按照其重要性、规模、使用要求的不同，可以分为特级、一级、二级、三级、四级、五级共六个级别。

第五节 建筑模数

一、建筑模数的定义

建筑模数是指选定的标准尺寸单位，作为尺度协调中的增值单位，也是建筑设计、建筑施工、建筑材料与制品、建筑设备、建筑组合件等各部门进行尺度协调的基础。其目的是使构配件安装吻合，并有互换性，包括基本模数和导出模数两种。

（一）基本模数

基本模数是模数协调中选用的基本单位，其数值为 100mm，符号为 M，即 1M=100mm。整个建筑物及其一部分或建筑组合构件的模数化尺寸应为基本模数的倍数。

（二）导出模数

导出模数是在基本模数的基础上发展出来的、相互之间存在某种内在联系的模数，包括扩大模数和分模数两种。

1.扩大模数。扩大模数是基本模数的整数倍数。水平扩大模数基数为 3M、6M、12M、15M、30M、60M，其相应的尺寸分别是 300mm、600mm、1200mm、1500mm、3000mm、6000mm。竖向扩大模数基数为 3M、6M，其相应的尺寸分别是 300mm、600mm。

2.分模数。分模数是用整数去除基本模数的数值。分模数基数为 M/10、M/5、M/2，其相应的尺寸分别是 10mm、20mm、50mm。

二、模数数列

模数数列是以选定的模数基数为基础而展开的模数系统。它可以保证不同建筑及其组成部分之间尺度的统一协调，有效地减少建筑尺寸的种类，并确保尺寸合理并有一定的灵活性。建筑物的所有尺寸除特殊情况外，均应满足模数数列的要求。模数数列幅度有以下规定：

1. 水平基本模数的数列幅度为 1 ~ 20M。

2. 竖向基本模数的数列幅度为 1 ~ 36M。

3. 水平扩大模数数列的幅度：3M 数列为 3 ~ 75M；6M 数列为 6 ~ 96M；12M 数列为 12 ~ 120M；15M 数列为 15 ~ 120M；30M 数列为 30 ~ 360M；60M 数列为 60 ~ 360M，必要时幅度不限。

4. 竖向扩大模数数列的幅度不受限制。

5. 分模数数列的幅度：M/10 数列为 1/10 ~ 2M；M/5 数列为 1/5 ~ 4M；M/2 数列为 1/2 ~ 10M。

三、模数的适用范围

1. 基本模数主要用于门窗洞口、建筑物的层高、构配件断面尺寸。

2. 扩大模数主要用于建筑物的开间、进深、柱距、跨度、高度、层高、构件标志尺寸和门窗洞口尺寸。

3. 分模数主要用于缝宽、构造节点、构配件断面尺寸。

四、构件的三种尺寸

（一）标志尺寸

标志尺寸符合模数数列的规定，用于标注建筑物的定位轴线或定位面之间的尺寸。常在设计中使用，故又称为设计尺寸。定位线之间的垂直距离（如开间、柱距、进深、跨度、层高等）及建筑构配件、建筑组合件、建筑制品有关设备界限之间的尺寸统称标志尺寸，如图 1-56 所示。

（二）构造尺寸

构造尺寸是指建筑构配件、建筑组合件、建筑制品等之间组合时所需的尺寸。一般情况下，构造尺寸为标志尺寸扣除构件实际尺寸，如图 1-57 所示。

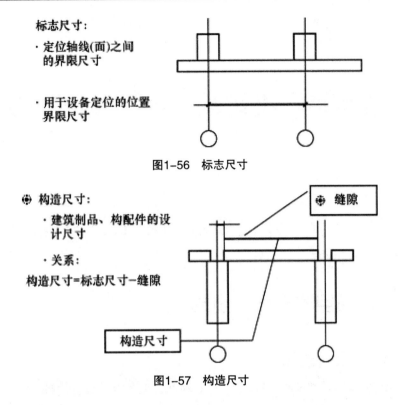

标志尺寸：

· 定位轴线(面)之间的界限尺寸

· 用于设备定位的位置界限尺寸

图1-56 标志尺寸

⊕ 构造尺寸：

· 建筑制品、构配件的设计尺寸

· 关系：
构造尺寸=标志尺寸-缝隙

⊕ 缝隙

构造尺寸

图1-57 构造尺寸

（三）实际尺寸

实际尺寸是指建筑物构配件、建筑组合件、建筑制品等生产出来后的实际尺寸。实际尺寸与构造尺寸之间的差数应符合建筑公差的规定。

第二章　建筑施工组织相关理论

第一节　建设项目与基本建设程序

一、建设项目的概念、组成

（一）建设项目的概念

建设项目是指在一定数量的投资下，具有独立计划和总体设计文件，在一定约束条件下，按照总体设计要求组织施工，工程竣工后具有完整的系统，可以形成独立生产能力或使用功能的工程项目，如一座桥梁、一幢大厦、一所学校等。

建设项目的管理主体是建设单位。其约束条件是时间约束、资源约束和质量约束，即一个建设项目应具有合理的建设工期目标，特定的投资总量目标和预期的生产能力、技术水平和使用效益目标。

（二）建设项目的组成

各个建设项目的规模和复杂程度不尽相同，为便于分解管理，一般情况下，人们可将建设项目按其组成内容从大到小分解为单项工程、单位工程、分部工程和分项工程等。

1. 单项工程

单项工程也称工程项目，是指具有独立的设计文件，完工后可以独立发挥生产能力或效益的工程。一个建设项目可由一个单项工程组成，也可由若干个单项工程组成，如一所学校中包括办公楼、教学楼和体育馆等单项工程。单项工程体现了建设项目的主要建设内容，其施工条件往往具有相对独立性。

2. 单位工程

单位工程是指具有单独设计图纸，可以独立施工，但完工后一般不具有独立发挥生产能力和经济效益的工程。一个单项工程一般由若干个单位工程组成。

一般情况下，单位工程是一个单体的建筑物或构筑物。对规模较大的单位工程，可将其中能形成独立使用功能的部分作为一个子单位工程。

3. 分部工程

组成单位工程的若干个分部称为分部工程。分部工程的划分应按专业性质、建筑部位确定。如一幢大厦的建筑工程，可以划分为土建工程分部和安装工程分部，而土建工程分部又可划分为地基与基础、主体结构、屋面和装修等分部工程。

当分部工程较大或较复杂时，可按材料种类、施工特点、施工程序、专业系统及类别等将其划分为若干子分部工程。如主体结构分部工程可划分为钢筋混凝土结构、混合结构、砌体结构、钢结构、木结构等子分部工程。

4. 分项工程

组成分部工程的若干个施工过程称为分项工程。分项工程应按主要工种、材料、施工工艺、设备类别等进行划分。如主体混凝土结构可以划分为模板、钢筋、混凝土等几个分项工程。

《建筑工程施工质量验收统一标准》（GB50300—2013）规定：建筑工程质量验收时，可将分项工程进一步划分为检验批。检验批是指按同一生产条件或按规定方式汇总起来供检验用的，由一定数量样本组成的检验体。一个分项工程可由一个或若干个检验批组成，检验批可根据施工及质量控制和专业验收的需要，按楼层、施工段、变形缝等进行划分。

二、基本建设程序

基本建设程序是建设项目从设想、选择、评估、决策、设计、施工到竣工、投入生产或交付使用的整个建设过程中，各项工作必须遵循的先后顺序。我国的基本建设程序可划分为编制项目建议书、可行性研究、勘察设计、施工准备（包括招标投标）、建设实施、竣工验收、后评价七个阶段。这七个阶段基本上反映了基本建设工作的全过程，是几十年来我国基本建设工程实践经验的总结，是项目建设客观规律的正确反映，是科学决策和顺利进行项目建设的重要保证。

（一）编制项目建议书

项目建议书是建设单位向主管部门提出要求建设某一项目的建议性文件，是对拟建项目的轮廓设想，是从拟建项目的必要性及大方面的可能性加以考虑的。

项目建议书经批准后，才能进行可行性研究，也就是说，项目建议书并不是项目的最终决策，而仅仅只是为可行性研究提供依据和基础。

项目建议书的内容一般包括以下五个方面：

1. 建设项目提出的必要性和依据；

2. 拟建工程规模和建设地点的初步设想；

3. 资源情况、建设条件、协作关系等的初步分析；

4. 投资估算和资金筹措的初步设想；

5. 经济效益和社会效益的估计。

项目建议书按要求编制完成后，报送有关部门审批。

（二）可行性研究

项目建议书经批准后，应紧接着进行可行性研究工作。可行性研究是项目决策的核心，是对建设项目在技术上、工程上和经济上是否可行进行全面地科学分析论证工作。在技术经济的深入论证阶段，可行性研究能为项目决策提供可靠的技术经济依据。其研究的主要内容包括：

1. 建设项目提出的背景、必要性、经济意义和依据；

2. 拟建项目规模、产品方案、市场预测；

3. 技术工艺、主要设备、建设标准；

4. 资源、材料、燃料供应和运输及水、电条件；

5. 建设地点、场地布置及项目设计方案；

6. 环境保护、防洪、防震等要求与相应措施；

7. 劳动定员及培训；

8. 建设工期和进度建议；

9. 投资估算和资金筹措方式；

10. 经济效益和社会效益分析。

可行性研究的主要任务是对多种方案进行分析、比较，提出科学的评价意见，推荐最佳方案。在可行性研究的基础上，编制可行性研究报告。

（三）勘察设计

勘察设计文件是安排建设项目和进行建筑施工的主要依据。勘察设计文件一般由建设单位通过招标投标或直接委托有相应资质的设计单位进行编制。编制设计文件是一项复杂的工作，设计之前和设计之中都要进行大量的调查和勘测工作。在此基础之上，根据批准的可行性研究报告，将建设项目的要求逐步具体化为指导施工的工程图纸及其说明书。

设计是分阶段进行的。一般项目进行两阶段设计，即初步设计阶段和施工图设计阶段。技术上比较复杂和缺少设计经验的项目采用三阶段设计，即初步设计阶段、技术设计阶段、施工图设计阶段。

1. 初步设计阶段

根据批准的可行性研究报告和比较准确的设计基础资料所做的具体实施方案。目的是阐明在指定的地点、时间和投资控制数额内，拟建工程在技术上的可能性和经济上的合理性，并通过工程项目所作出的基本技术经济规定编制项目总概算。

2. 技术设计阶段

根据初步设计和更详细的调查研究资料，进一步解决初步设计中的重大技术问题，如工艺流程、建筑结构、设备选型及数量确定等，并修正总概算。

3. 施工图设计阶段

根据批准的扩大初步设计或技术设计的要求，结合现场实际情况，完整地表现建筑物外形、内部空间分割、结构体系、构造状况及建筑群的组成和周围环境的配合。施工图设计还包括各种运输、通信、管道系统、建筑设备的设计，在工艺方面，还应具体确定各种设备的型号、规格及各种非标准设备的制造加工过程。在施工图设计阶段应编制施工图预算。

（四）施工准备

在项目建议书、可行性研究报告、初步设计批准后可向主管部门申请列入投资计划，经招标确定具有相应资质的承建单位。承建单位根据工程的特点，首先编制施工组织总设计，再根据批准的施工组织总设计编制单位工程施工组织设计。施工组织设计中必须明确工程所选施工方案、施工技术措施、施工准备工作计划、施工进度计划、物资资源需求计划、施工平面布置等内容，并落实执行施工组织设计的责任人和组织机构。

（五）建设实施

建设项目完成各项准备工作，具备开工条件，建设单位及时向主管部门和有关单位提出开工报告，开工报告经批准后即可进行项目施工。

在项目建设施工过程中，务必加强工程全过程的安全、质量、进度和成本控制与管理，全面落实经批准的施工组织设计。针对具体施工进程进行协调、检查、监督、控制等指挥调度工作，从施工现场全局出发，加强各单位、各部门的配合与协作，确保工程建设顺利进行。严格执行安全、质量检查制度，全面落实施工单位经济责任制，做好经济核算工作。

（六）竣工验收

根据国家有关规定，建设项目按批准的内容完成建设后，符合验收标准，须及时组织验收，办理交付使用和资产移交手续。竣工验收是全面考核工程项目建设成果、检查设计和施工质量的重要环节。竣工验收的准备工作主要有整理技术资料、绘制竣工图纸、编制竣工决算三方面。

竣工验收前，施工单位应主动进行工程预验收工作，根据各分部、分项工程的质量检查、评定，整理各项竣工验收的技术经济资料，积极配合由建设单位组织的竣工验收工作。验收合格后办理竣工验收证书，将工程交付建设单位使用。

（七）后评价

建设项目投资后评价是工程竣工投产、生产运营一段时间后，对项目的立项决策、设计施工、竣工投产、生产运营等全过程进行系统评价的一种技术经济活动。投资后评价是工程建设管理的一项重要内容，也是工程建设程序的最后一个环节。其可以使投资主体达到总结经验、吸取教训、改进工作、不断提高项目决策水平和投资效益的目的。目前，我国的投资后评价一般分建设单位的自我评价、项目所属行业（地区）主管部门的评价及各级计划部门（或主要投资主体）的评价三个层次进行。

三、建筑施工程序

建筑施工程序是拟建工程在整个施工过程中各项工作必须遵循的先后顺序，反映了整个施工阶段中必须遵循的客观规律。其一般可划分为以下几个阶段。

（一）承接施工任务，签订承包合同

施工单位承接任务的方式一般有三种：国家或上级主管部门直接下达；受建设单位委托；通过招标投标而中标承揽任务。无论通过哪一种方式承接任务，施工企业都要检查该项目工程是否具有经过上级批准的正式文件、投资是否落实等。之后，施工企业应与建设单位签订承包合同，合同中应明确规定承包范围、供料方式、工期、合同价、工程付款和结算方法、甲乙双方责任义务以及奖励处罚等条例。

在这一阶段，施工企业要做好技术调查工作，包括建设项目功能、规模、要求；建设地区自然情况；施工现场情况等。

（二）全面统筹安排，做好施工规划

签订施工合同后，施工单位在技术调查的基础上，拟订施工规划，收集有关资料，编制施工组织设计。

（三）落实施工准备，提出开工报告

工程开工前，施工单位要积极做好施工前的准备工作。准备工作内容一般包括熟悉和会审图纸，编制和审查施工组织设计，落实劳动力、材料、机具、构件、成品、半成品等的准备工作，组织机械设备进场，搭建临时设施，建立现场管理机构。在做好各项准备工作的基础上，具备开工条件后，提交开工报告并经审查批准，即可正式开工。

（四）组织施工

施工过程应严格按照施工组织设计精心组织施工。在施工中提倡科学管理，文明施工，严格履行经济合同，合理安排施工顺序，组织好均衡连续的施工。一般情况下，各项目施工应按照先主体、后辅助，先重点、后一般，先地下、后地上，先结构、后装修，先土建、后安装的原则进行。

（五）竣工验收、交付使用

工程完工后，在竣工验收前，施工单位应根据施工质量验收规范逐项进行预验收，检查各分部、分项工程的施工质量，整理各项竣工验收的技术经济资料。在此基础上，由建设单位、设计单位、监理单位等有关部门组成验收小组进行验收。验收合格后，双方签订交接验收证书，办理工程移交，并根据合同规定办理工程竣工结算。

第二节　建筑产品与建筑施工的特点

建筑产品是指通过建筑安装等生产活动所完成的符合设计要求和质量标准，能够独立发挥使用价值的各种建筑物或构筑物。与一般工业产品相比，建筑产品在产品本身及其生产过程中都具有独特的特点。

一、建筑产品的特点

1. 建筑产品的固定性。由于建筑产品必须建造于固定地点，且对基础和地基均应设计计算，所以建成后直至拆迁均不再移动。因此，建筑产品在空间上是固定的。

2. 建筑产品的多样性及复杂性。

（1）因为建筑物要满足不同的使用功能，所以设计出来的建筑物也就千差万别，这就决定了建筑产品的多样性。

（2）建筑产品不仅要满足其使用要求，而且应美观、坚固，所以就其建筑构造、结构做法及装饰要求而言，也是比较复杂的。其使用的材料种类有上百种，其施工过程也错综复杂。

3. 建筑产品体积的庞大性。由于建筑物的基本功能是为人们提供生产和生活的空间，这就决定了建筑产品的体积比人们平时使用的一般产品体积要大得多。

4. 建筑产品的综合性。建筑产品是一个完整的实物体系，它不仅综合了土建工程的艺术风格、建筑功能、结构构造、装饰做法等多方面的技术成就，而且综合了工艺设备、采暖通风、供水供电、通信网络、安全监控、卫生设备等各类设施，具有较强的综合性。

二、建筑施工的特点

1. 生产的流动性

生产的流动性是由建筑产品固着于地上不能移动和整体难以分解所造成的。其表现在两个方面：一是施工机构（包括施工人员和机具设备）随建筑物或构筑物坐落位置的变化而转移生产地点；二是在一个产品的生产过程中施工人员和机具设备要随着施工部位的不同而沿着施工对象上下、左右流动，不断地转换操作场所。因此，在生产中，各生产要素的空间位置和相互间的空间配合关系经常处于变化的过程之中。

人机的流动、操作条件和工作面的不断变化，无疑会影响劳动的效率甚至劳动的组织。除此之外，生产的流动性又与施工的顺序性紧密地联系在一起。考虑到产品整体性的要求，建筑生产中，其"零部件"（各分部分项工程）的生产常常是与"装配"工作结合进行的，一经建造即成一体，而不可能随便再行"拆装"。故施工必须按严格的顺序进行，也就是人机必须按照客观要求的顺序流动。

2. 建筑施工受自然条件影响较大

由于建筑产品体积的庞大性，其施工必须在露天条件下进行，这就免不了日晒雨淋。且由于建筑的施工工期较长，短则数月，长则两年以上，四季变化也会对建筑物施工带来极大影响，如冬、雨期施工，必须按特殊的施工技术措施进行。这就要求在组织施工时要充分考虑自然条件给建筑物质量、安全、工期带来的影响。

3. 生产周期长

由于建筑产品的固定性和体积庞大性，决定了建筑产品在生产过程中需耗费大量的人力、物力和财力。同时其生产过程要受到工艺施工程序和工艺流程的约束，其生产周期少则几个月，多则几年，甚至数十年。因此，建筑产品具有生产周期长、占有流动资金大、生产成本易受市场波动影响等特点。

4. 建筑施工的复杂性

建筑产品的多样性和复杂性，决定了建造建筑产品的过程——建筑施工的复杂性。由于建筑物功能各异，结构类型不同，装饰要求不同，没有完全相同的两个建筑产品，即使上部做法套用别的建筑物，下部基础多半也会不同，故必须根据每件产品的特点单独设计，单独组织施工。另外，建筑施工涉及部门很广，使用材料规格品种繁多，各专业工种必须协同工作，这也决定了建筑施工的复杂性。

第三节 施工组织设计概述

一、施工组织设计的概念

施工组织设计是指根据施工预期目标和实际施工条件，选择最合理的施工方案，指导拟建工程施工全过程中各项活动的技术、经济和组织的基础性综合文件。其任务是要对具体的拟建工程（建筑群或单个建筑物）的施工准备工作和整个施工过程，在人力和物力、时间和空间、技术和组织上，做出统筹兼顾、全面合理的计划安排，实现科学管理，达到提高工程质量、加快工程进度、降低工程成本、预防安全事故的目的。

二、施工组织设计的任务和作用

（一）施工组织设计的任务

施工组织设计的任务是对具体的拟建工程（建筑群或单个建筑物）的施工准备工作和整个施工过程，在人力和物力、时间和空间、技术和组织上，做出一个全面、合理且符合好、快、省、安全要求的计划安排。

（二）施工组织设计的作用

施工组织设计的作用是为拟建工程施工的全过程实行科学管理提供重要手段。通过施工组织设计的编制，可以全面考虑拟建工程的各种具体条件，扬长避短地拟订合理的施工方案，确定施工顺序、施工方法、劳动组织和技术经济的组织措施，合理地统筹安排拟订的施工进度计划，保证拟建工程按期投产或交付使用；也为拟建工程的设计方案在经济上的合理性、技术上的科学性和实施过程中的可能性进行论证提供依据；还为建设单位编制基本建设计划和施工企业编制施工计划提供依据。依据施工组织设计，施工企业可以提前掌握人力、材料和机具使用上的先后顺序，全面安排资源的供应与消耗，还可以合理地确定临时设施的数量、规模和用途，以及临时设施、材料和机具在施工场地上的布置方案。

施工组织设计是施工准备工作的一项重要内容，同时又是指导各项施工准备工作的重要依据。

三、施工组织设计的分类

施工组织设计是一个总的概念，根据建设项目的类别、工程规模、编制阶段、编制对象和范围的不同，在编制的深度和广度上也有所不同。

（一）按编制阶段的不同分类

施工组织设计按编制阶段的不同进行分类，如图 2-1 所示。

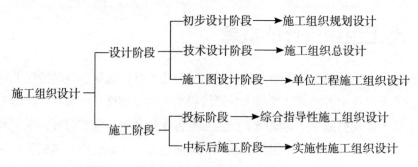

图2-1　施工组织设计的分类

（二）按编制对象范围的不同分类

施工组织设计按编制对象范围的不同可分为施工组织总设计、单项（位）工程施工组织设计、分部分项工程施工组织设计三种。

1.施工组织总设计

施工组织总设计是以一个建设项目或建筑群为编制对象，用以指导其施工全过程各项活动的技术、经济的综合性文件。其范围比较广、内容比较概括，是在初步设计或扩大初步设计批准后，由总承包单位牵头，会同建设、设计和其他分包单位共同编制的。其是施工组织规划设计的进一步具体化的设计文件，也是单项（位）工程施工组织设计的编制依据。

2.单项（位）工程施工组织设计

单项（位）工程施工组织设计是以一个单项或其中一个单位工程为对象编制的，用以指导其施工全过程各项施工活动的技术、经济、组织、协调和控制的综合性文件。其是在签订相应工程施工合同之后，在项目经理组织下，由项目工程师负责编制，是编制分部（项）工程施工组织设计的依据。

3.分部分项工程施工组织设计

分部分项工程施工组织设计是以一个分部工程或其中一个分项工程为对象编制的，用以指导其各项作业活动的技术、经济、组织、协调和控制的综合性文件。其是在编制单项（位）工程施工组织设计的同时，由项目主管技术人员负责编制的作为该项目专业工程具体实施的依据。

四、施工组织设计的内容

施工组织设计的内容，就是根据不同工程的特点和要求，以及现有的和可能创造的施工条件，从实际出发，决定各种生产要素（材料、机械、资金、劳动力和施工方法等）的结合方式。

不同类型施工组织设计的内容各不相同，但一个完整的施工组织设计一般应包括以下基本内容：

1. 工程概况；

2. 施工方案；

3. 施工进度计划；

4. 施工准备工作计划；

5. 各项资源需用量计划；

6. 施工平面布置图；

7. 主要技术组织保证措施；

8. 主要技术经济指标；

9. 结束语。

五、施工组织设计的编制

（一）施工组织设计的编制原则

由于施工组织设计是指导建筑施工的纲领性文件，对搞好建筑施工起到巨大的作用，所以必须十分重视并做好此项工作。根据我国几十年的经验，编制施工组织设计应遵循以下几项原则：

1. 认真贯彻国家工程建设的法律、法规、规程、方针和政策。

2. 严格执行工程建设程序，坚持合理的施工程序、施工顺序和施工工艺。

3. 采用现代建筑管理原理、流水施工方法和网络计划技术，组织有节奏、均衡和连续的施工。

4. 优先选用先进施工技术，科学地确定施工方案；认真编制各项实施计划，严格控制工程质量、工程进度、工程成本，确保安全施工。

5. 充分利用施工机械和设备，提高施工机械化、自动化程度，改善劳动条件，提高生产率。

6. 扩大预制装配范围，提高建筑工业化程度；科学安排冬期和雨期施工，保证全年施工的均衡性和连续性。

7. 坚持"安全第一，预防为主"原则，确保安全生产和文明施工；认真做好生态环境和历史文物保护，严防建筑振动、噪声、粉尘和垃圾污染。

8. 合理布置施工平面图，尽量减少临时工程，减少施工用地，降低工程成本；尽量利用正式工程、原有或就近已有设施，做到暂设工程与既有设施相结合、与正式工程相结合。

同时，要注意因地制宜、就地取材，以求尽量减少消耗，降低生产成本。

9.优化现场物资储存量，合理确定物资储存方式，尽量减少库存量和物资损耗。

（二）施工组织设计的编制依据

1.国家计划或合同规定的进度要求。

2.工程设计文件，包括说明书、设计图纸、工程数量表、施工组织方案意见、总概算等。

3.调查研究资料，包括工程项目所在地区自然经济资料、施工中可配备劳动力、机械及其他条件。

4.有关定额（人工定额、材料消耗定额、机械台班定额等）及参考指标。

5.现行有关技术标准、施工规范、规则及地方性规定等。

6.本单位的施工能力、技术水平及企业生产计划。

7.有关其他单位的协议、上级指示等。

（三）施工组织设计的编制步骤

1.计算工程量

通常可以利用工程预算中的工程量。工程量计算准确，才能保证劳动力和资源需用量的正确计算和分层分段流水作业的合理组织，故工程量必须根据图纸和较为准确的定额资料进行计算。如工程的分层分段按流水作业方法施工时，工程量也应相应地分层分段计算。同时，许多工程量在确定了方法以后可能还需修改，如土方工程的施工由利用挡土板改为放坡以后，土方工程量即相应增加，而支撑工料则将全部取消。这种修改可在施工方法确定后一次进行。

2.确定施工方案

如果施工组织总设计已有原则规定，则该项工作的任务就是进一步具体化，否则应加以全面考虑。需要特别加以研究的是主要分部分项工程的施工方法和施工机械的选择，因为它们对整个单位工程的施工起到决定性的作用。具体施工顺序的安排和流水段的划分，也是需要考虑的重点。与此同时，还要很好地研究和决定保证质量、安全和缩短技术性中断的各种技术组织措施。这些都是单位工程施工中的关键，对施工能否做到好、快、省和安全具有重大的影响。

3.组织流水作业，排定施工进度

根据流水作业的基本原理，按照工期要求、工作面的情况、工程结构对分层分段的影响以及其他因素，组织流水作业，决定劳动力和机械的具体需要量以及各工序的作业时间，编制网络计划，并按工作日安排施工进度。

4.计算各种资源的需要量并确定供应计划

依据采用的劳动定额和工程量及进度，可以确定劳动量（以工日为单位）和每日的工人需要量。依据有关定额和工程量及进度，就可以计算确定材料和加工预制品的主要种类和数量及其供应计划。

5. 平衡人工、材料物资和施工机械的需要量并修正进度计划

根据对人工和材料物资需要量的计算就可绘制出相应的曲线以检查其平衡状况。如果发现有过大的高峰或低谷，即应将进度计划作适当的调整与修改，使其尽可能趋于平衡，以使人工的利用和物资的供应更为合理。

6. 设计施工平面图，使生产要素在空间上的位置合理、互不干扰，加快施工进度。

六、施工组织设计的贯彻

（一）做好施工组织设计的技术交底

经过批准的施工组织设计，在开工前一定要召开各级生产、技术会议并逐级执行交底，详细地讲解其意图、内容、要求、目标和施工的关键与保证措施，组织施工人员广泛讨论，拟定完成任务的技术组织措施，做出相应的决策。同时，责成计划部门制订出切实可行的、严密的施工计划；责成技术部门拟定科学合理的具体技术实施细则，保证施工组织设计的贯彻执行。

（二）制定各项管理制度

施工组织设计能否顺利贯彻，还取决于施工企业的技术水平和管理水平。体现企业管理水平的标志，在于企业各项管理制度健全与否。施工实践证明，只有施工企业有了科学、健全的管理制度，企业的正常生产活动才能顺利开展，才能保证工程质量，提高劳动生产率，防止可能出现的漏洞或事故。因此，为了保证施工组织设计顺利贯彻执行，必须建立和健全各项管理规章制度。

（三）实行技术经济承包责任制

技术经济承包责任制是用经济的手段和方法，明确承发包双方的责任。该制度便于加强监督和相互促进，是保证承包目标实现的重要手段。为了更好地贯彻施工组织设计，应该推行技术经济承包责任制度，开展劳动竞赛，把施工过程中的技术经济责任同职工的物质利益结合起来，如开展评比先进，推行全优工程综合奖、节约材料奖、提前工期奖和技术进步奖等。

（四）搞好施工的统筹安排和综合平衡

在贯彻施工组织设计时，一定要合理安排人力、财力、材料、机械、施工方法、时间和空间等方面的统筹，综合平衡各方面因素，优化施工计划，对施工中出现的不平衡因素应及时分析和研究，进一步完善施工组织设计，保证施工的节奏性、均衡性和连续性。

（五）切实做好施工准备工作

施工准备工作是保证均衡和连续施工的重要前提，也是顺利贯彻施工组织设计的重要保证。"不打无准备之仗，不搞无准备之工程。"开工之前不仅要做好一切人力、物力、财力和现场的准备，而且在施工过程中的不同阶段也要做好相应的施工准备工作。

七、施工组织设计的检查与调整

（一）施工组织设计的检查

1.施工总平面图的检查

施工现场必须按施工总平面图要求建造临时设施，敷设管网和运输道路，合理地存放机具，堆放材料；施工现场要符合文明施工的要求；施工现场的局部断电、断水、断路等，必须事先得到有关部门批准；施工的每个阶段都要有相应的施工总平面图；施工总平面图的任何改变都必须经有关部门批准。如果发现施工总平面图存在不合理性，要及时制订改进方案，报请有关部门批准，不断地满足施工进展的需要。施工总平面图的检查应按建筑主管部门的规定执行。

2.主要指标完成情况的检查

施工组织设计的主要指标的检查，一般采用比较法，即把各项指标的完成情况同计划规定的指标相对比。检查的内容应该包括工程进度、工程质量、材料消耗、机械使用和成本费用等。应把主要指标数值检查同其相应的施工内容、施工方法和施工进度的检查结合起来，查找和发现问题，为进一步分析原因提供依据。

（二）施工组织设计的调整

施工组织设计的调整就是针对检查中发现的问题，通过分析原因，拟定改进措施或修订方案；对实际进度偏离计划进度的情况，在分析其影响工期和后续工作的基础上，调整原计划以保证工期；对施工（总）平面图中不合理的地方进行修改。通过调整，使施工组织设计更切合实际，更趋于合理，以便在新的施工条件下，达到施工组织设计的目标。

第四节　施工准备工作

一、施工准备工作概述

（一）施工准备工作的意义

施工准备工作是为了保证工程顺利开工和施工活动正常进行而必须事先做好的各项准备工作。它是施工程序中的重要环节，不仅存在于开工之前，而且贯穿于整个施工过程。为了保证工程项目顺利地进行施工，必须做好施工准备工作。做好施工准备工作具有以下意义：

1. 确保建筑施工程序

现代建筑工程施工大多是十分复杂的生产活动，其技术规律和社会主义市场经济规律要求工程施工必须严格按照建筑施工程序进行。只有认真做好施工准备工作，才能取得良好的建设效果。

2. 降低施工的风险

做好施工准备工作，是取得施工主动权、降低施工风险的有力保障。就工程项目施工的特点而言，其生产受外界干扰及自然因素的影响较大，所以施工中可能遇到的风险就多。只有根据周密地分析和多年积累的施工经验，采取有效的防范控制措施，充分做好施工准备工作，加强应变能力，才能有效地降低风险损失。

3. 创造工程开工和顺利施工的条件

工程项目施工中不仅涉及广泛的社会关系，而且还要处理各种复杂的技术问题，协调各种配合关系，因而只有统筹安排和周密准备，才能使工程顺利开工，也才能提供各种条件，保证开工后的顺利施工。

4. 提高企业的综合效益

做好施工准备工作，是降低工程成本、提高企业综合效益的重要保证。只有认真做好工程项目施工准备工作，才能充分调动各方面的积极因素，合理组织资源，加快施工进度，提高工程质量，降低工程成本，增加企业经济效益，赢得企业社会信誉，实现企业管理现代化，从而提高企业的经济效益和社会效益。

5. 推行技术经济责任制

施工准备工作是建筑施工企业生产经营管理的重要组成部分。现代企业管理的重点是生产经营，而生产经营的核心是决策。因此，施工准备工作作为生产经营管理的重要组成部分，主要对拟建工程目标、资源供应和施工方案及其空间布置和时间排列等方面进行选择和施工决策，有利于施工企业搞好目标管理，推行技术经济责任制。

实践证明，施工准备工作的好与坏，将直接影响建筑产品生产的全过程。凡是重视并做好施工准备工作，积极为工程项目创造有利施工条件的，就能顺利开工，取得施工的主动权。同时，还可以避免工作的无序性和资源的浪费，有利于保证工程质量和施工安全，提高效益。反之，如果违背施工程序，忽视施工准备工作，使工程仓促开工，必然在工程施工中受到各种矛盾掣肘，处处被动，以致造成重大的经济损失。

（二）施工准备工作的分类

1. 按工程所处施工阶段分类

按工程所处施工阶段分类，施工准备工作可分为开工前的施工准备和开工后的施工准备。

（1）开工前的施工准备。开工前的施工准备是指在拟建工程正式开工前所进行的一切施工准备，目的是为工程正式开工创造必要的施工条件，具有全局性和总体性。若没有这个阶段则工程不能顺利开工，更不能连续施工。

（2）开工后的施工准备。开工后的施工准备是指开工之后，为某一单位工程、某个施工阶段或某个分部（分项）工程所做的施工准备工作，具有局部性和经常性。一般来说，冬、雨期施工准备都属于这种施工准备。

2. 按准备工作范围分类

按准备工作范围分类，施工准备工作可分为全场性施工准备、单位工程施工条件准备、分部（分项）工程作业条件准备。

（1）全场性施工准备。全场性施工准备指以整个建设项目或建筑群为对象所进行的统一部署的施工准备工作。它不仅要为全场性的施工活动创造有利条件，而且要兼顾单位工程施工条件的准备。

（2）单位工程施工条件准备。单位工程施工条件准备是指以一个建筑物或构筑物为施工对象而进行的施工条件准备。不仅要为该单位工程做好开工前的一切准备，而且要为分部（分项）工程的作业条件做好施工准备工作。

单位工程的施工准备工作完成，具备开工条件后，项目经理部应申请开工，递交开工报告，报审批后方可开工。实行建设监理的工程，企业还应将开工报告送监理工程师审批，由监理工程师签发开工通知书，在限定时间内开工，不得拖延。

单位工程应具备的开工条件如下：

1）施工图纸已经会审并有记录。

2）施工组织设计已经审核批准并已进行交底。

3）施工图预算和施工预算已经编制并审定。

4）施工合同已签订，施工证件已经审批齐全。

5）现场障碍物已清除。

6）场地已平整，施工道路、水源、电源已接通，排水沟渠畅通，能够满足施工的需要。

7）材料、构件、半成品和生产设备等已经落实并能陆续进场，保证连续施工的需要。

8）各种临时设施已经搭设，能够满足施工和生活的需要。

9）施工机械、设备的安排已落实，先期使用的已运入现场，已试运转并能正常使用。

10）劳动力安排已经落实，可以按时进场。现场安全守则、安全宣传牌已建立，安全、防火的必要设施已具备。

（3）分部（分项）工程作业条件准备。分部（分项）工程作业条件准备是指以一个分部（分项）工程为施工对象而进行的作业条件准备。由于对某些施工难度大、技术复杂的分部（分项）工程，需要单独编制施工作业设计，应对其所采用的施工工艺、材料、机具、设备及安全防护设施等分别进行准备。

（三）施工准备工作的要求

1.施工准备应该有组织、有计划、有步骤地进行

（1）建立施工准备工作的组织机构，明确相应的管理人员。

（2）编制施工准备工作计划表，保证施工准备工作按计划落实。

将施工准备工作按工程的具体情况划分为开工前、地基基础工程、主体工程、屋面与装饰装修工程等时间区段，分期、分阶段、有步骤地进行，可为顺利进行下一阶段的施工创造条件。

2.建立严格的施工准备工作责任制及相应的检查制度

由于施工准备工作项目多、范围广、时间跨度长，因此，必须建立严格的责任制，按计划将责任落实到相关部门及个人，明确各级技术负责人在施工准备中应负的责任，使各级技术负责人认真做好施工准备工作。在施工准备工作实施过程中，应定期进行检查，可按周、半月、月度进行检查，主要检查施工准备工作计划的执行情况。

3.坚持按基本建设程序办事，严格执行开工报告制度

根据《建设工程监理规范》（GB/T50319—2013）的有关规定，总监理工程师应组织专业监理工程师审查施工单位报送的工程开工报审表及相关资料；同时具备下列条件时，应由总监理工程师签署审核意见，并应报建设单位批准后，总监理工程师签发工程开工令：

（1）设计咨询和图纸会审已完成。

（2）施工组织设计已由总监理工程师签认。

（3）施工单位现场质量、安全生产管理体系已建立，管理及施工人员已到位，施工机械具备使用条件，主要工程材料已经落实。

（4）进场道路及水、电、通信等已满足开工要求。

4. 施工准备工作必须贯穿于施工全过程

施工准备工作不仅要在开工前集中进行，而且工程开工后，也要及时全面地做好各施工阶段的准备工作，贯穿于整个施工过程中。

5. 施工准备工作要取得各协作单位的友好支持与配合

由于施工准备工作涉及面广，因此除施工单位自身努力做好之外，还要取得建设单位、监理单位、设计单位、供应单位、银行、行政主管部门、交通运输等的协作及相关单位的大力支持，以缩短施工准备工作的时间，争取早日开工。做到步调一致、分工负责，共同做好施工准备工作。

（四）施工准备工作的内容

施工准备工作的内容，视该工程本身及其具备的条件而异，有的比较简单，有的却十分复杂。例如，只有一个单项工程的施工项目和包含多个单项工程的群体项目，一般小型项目和规模庞大的大、中型项目，新建项目和改扩建项目，在未开发地区兴建的项目和在已开发地区兴建的项目等，都因工程的特殊需要和特殊条件而对施工准备工作提出各不相同的具体要求。

施工准备工作要贯穿整个施工过程的始终，根据施工顺序的先后，有计划、有步骤、分阶段进行。按准备工作的性质，施工准备工作大致归纳为六个方面：建设项目的调查研究、资料收集，劳动组织的准备，施工技术资料的准备，施工物资的准备，施工现场的准备，季节性施工的准备。

（五）施工准备工作的重要性

工程项目建设总的程序是按照计划、设计和施工三大阶段进行的，而施工阶段又分为施工准备、土建施工、设备安装、竣工验收等阶段。

施工准备工作的基本任务是为拟建工程的施工准备必要的技术和物质条件，统筹安排施工力量和合理布置施工现场。施工准备工作是施工企业搞好目标管理、推行技术经济承包的重要前提，同时，施工准备工作还是土建施工和设备安装顺利进行的根本保证。因此，认真做好施工准备工作，对于发挥企业优势、合理供应资源、加快施工速度、提高工程质量、降低工程成本、增加企业经济效益等具有重要的意义。

二、原始资料的调查与收集

原始资料是工程设计及施工组织设计的重要依据之一。原始资料的调查主要是对工程条件、工程环境特点和施工条件等施工技术与组织的基础资料进行调查，以此作为施工准备工作的依据。原始资料调查工作应有计划、有目的地进行，事先要拟定明确、详细的调查提纲。调查的范围、内容、要求等，应根据拟建工程的规模、性质、复杂程度、工期及对当地的熟悉了解程度而定。

原始资料调查的内容一般包括建设场址勘察和技术经济资料调查。

（一）建设场址勘察

建设场址勘察主要是了解建设地点的地形、地貌、地质、水文、气象以及场址周围环境和障碍物情况等。勘察结果一般可作为确定施工方法和技术措施的依据。

1. 地形、地貌勘察

地形、地貌勘察要求提供工程的建设规划图、区域地形图（1/25000～1/10000）、工程位置地形图（1/2000～1/1000）、该地区城市规划图、水准点及控制桩的位置、现场地形地貌特征、勘察高程及高差等。对地形简单的施工现场，一般采用目测和步测；对场地地形复杂的，可用测量仪器进行观测，也可向规划部门、建设单位、勘察单位等进行调查。这些资料可作为选择施工用地、布置施工总平面图、场地平整及土方量计算、了解障碍物及其数量的依据。

2. 工程地质勘察

工程地质勘察的目的是查明建设地区的工程地质条件和特征，包括地层构造、土层的类别及厚度、承载力及地震级别等。应提供的资料有：钻孔布置图；工程地质剖面图；土层类别、厚度；土壤物理力学指标，包括天然含水量、孔隙比、塑性指数、渗透系数、压缩试验及地基土强度等；地层的稳定性、断层滑块、流沙；最大冻结深度；地基土破坏情况等。工程地质勘察资料可为选择土方工程施工方法、地基土的处理方法以及基础施工方法提供依据。

3. 水文地质勘察

水文地质勘察所提供的资料主要有以下两个方面：

（1）地下水文资料：地下水最高、最低水位及时间；水的流速、流向、流量；地下水的水质分析及化学成分分析；地下水对基础有无冲刷、侵蚀影响等。所提供资料有助于选择基础施工方案、选择降水方法以及拟定防止侵蚀性介质的措施。

（2）地面水文资料：临近江河湖泊距工地的距离；洪水、平水、枯水期的水位、流量及航道深度；水质分析；最大最小冻结深度及结冻时间等。调查目的是为确定临时给水方案、施工运输方式提供依据。

4. 气象资料调查

气象资料一般可向当地气象部门进行调查，调查资料作为确定冬、雨期施工措施的依据。气象资料包括以下几个方面：

（1）降雨、降水资料：全年降雨量、降雪量；日最大降雨量；雨期起止日期；年雷暴日数等。

（2）气温资料：年平均、最高、最低气温；最冷、最热月及逐月的平均温度。

（3）风向资料：主导风向、风速、风的频率；大于或等于8级风全年天数，并应将风向资料绘成风玫瑰图。

5. 周围环境及障碍物调查

周围环境及障碍物调查包括施工区域现有建筑物、构筑物、沟渠、水井、树木、土堆、电力架空线路、地下沟道、人防工程、上下水管道、埋地电缆、煤气及天然气管道、地下杂填积坑、枯井等。

这些资料要通过实地踏勘，并向建设单位、设计单位等调查取得，可作为布置现场施工平面的依据。

（二）技术经济资料调查

技术经济调查的目的是查明建设地区地方工业、资源、交通运输、动力资源、生活福利设施等地区经济因素，获取建设地区技术经济条件资料，以便在施工组织中尽可能利用地方资源为工程建设服务，同时，也可作为选择施工方法和确定费用的依据。

1. 建设地区的能源调查

能源一般指水源、电源、气源等。能源资料可向当地城建、电力、燃气供应部门及建设单位等进行调查，主要用作选择施工用临时供水、供电和供气的方式，提供经济分析比较的依据。

能源调查内容主要有：施工现场用水与当地水源连接的可能性、供水距离、接管距离、地点、水压、水质及水费等资料；利用当地排水设施排水的可能性、排水距离、去向等；可供施工使用的电源位置、引入工地的路径和条件，可以满足的容量、电压及电费；建设单位、施工单位自有的发变电设备、供电能力；冬期施工时附近蒸汽的供应量、接管条件和价格；建设单位自有的供热能力；当地或建设单位提供煤气、压缩空气、氧气的能力和它们至工地的距离等。

2. 建设地区的交通调查

交通运输方式一般有铁路、公路、水路、航空等。交通资料可向当地铁路、交通运输和民航等管理局的业务部门进行调查。收集交通运输资料是为了调查主要材料及构件运输通道的情况，包括道路、街巷、途经的桥涵宽度、高度，允许载重量和转弯半径限制等资料。

有超长、超高、超宽或超重的大型构件、大型起重机械和生产工艺设备需整体运输时，还要调查沿途架空电线、天桥的高度，并与有关部门商议，避免大件运输对正常交通产生干扰的路线、时间及解决措施。所收集资料主要用作组织施工运输业务、选择运输方式、提供经济分析比较的依据。

3. 主要材料及地方资源调查

主要材料及地方资源调查的内容包括：三大材料（钢材、木材和水泥）的供应能力、质量、价格、运费情况；地方资源如石灰石、石膏石、碎石、卵石、河砂、矿渣、粉煤灰等能否满足建筑施工的要求；开采、运输和利用的可能性及经济合理性。这些资料可向当地计划、经济等部门进行调查，作为确定材料的供应计划、加工方式、储存和堆放场地及建造临时设施的依据。

4.建筑基地情况调查

建筑基地情况调查主要调查建设地区附近有无建筑机械化基地、机械租赁站及修配站；有无金属结构及配件加工；有无商品混凝土搅拌站和预制构件等。这些资料可用来确定构配件、半成品及成品等货源的加工供应方式、运输计划和规划临时设施。

5.社会劳动力和生活设施情况调查

社会劳动力和生活设施情况调查内容包括：当地能提供的劳动力人数、技术水平、来源和生活安排；建设地区已有的可供施工期间使用的房屋情况；当地主副食、日用品供应、文化教育、消防治安、医疗单位的基本情况以及能为施工提供支援的能力。这些资料是制定劳动力安排计划、建立职工生活基地、确定临时设施的依据。

6.参与施工的各单位能力调查

参与施工的各单位能力调查内容包括：主要调查施工企业的资质等级、技术装备、管理水平、施工经验、社会信誉等有关情况。这些可作为了解总包单位、分包单位的技术及管理水平与选择分包单位的依据。

在编制施工组织设计时，为弥补原始资料的不足，有时还可借助一些相关的参考资料来作为编制依据，如冬、雨期参考资料，机械台班产量参考指标，施工工期参考指标等。这些参考资料可利用现有的施工定额、施工手册、施工组织设计实例或通过平时的施工实践活动来获得。

三、技术资料准备

技术资料准备即通常所说的室内准备（内业准备），是施工准备工作的核心，指导着现场施工准备工作，对于保证建筑产品质量、实现安全生产、加快工程进度、提高工程经济效益具有十分重要的意义。任何技术的差错或隐患都可能引起人身安全事故和质量事故，造成生命、财产和经济的巨大损失。因此，必须认真地做好技术资料准备工作。

（一）熟悉与审查设计图纸

熟悉与审查图纸可以保证能够按照设计图纸的要求进行施工；使从事施工和管理的工程技术人员充分了解和掌握设计图纸的设计意图、构造特点和技术要求；通过审查发现图纸中存在的问题和错误，为拟建工程的施工提供一份内容准确、齐全的设计图纸。

1.熟悉图纸工作的组织。

施工单位项目经理部收到拟建工程的设计图纸和有关技术文件后，应尽快组织有关的工程技术人员熟悉和自审图纸，写出自审图纸的记录。自审图纸的记录应包括对设计图纸的疑问和对设计图纸的有关建议，以便于图纸会审时提出。

2. 熟悉图纸的要求。

（1）基础部分：核对建筑、结构、设备施工图中关于留口、留洞的位置及标高；地下室排水方向；变形缝及人防出口做法；防水体系的包圈与收头要求；特殊基础形式做法等。

（2）主体部分：弄清建筑物、墙、柱与轴线的关系；主体结构各层所用的砂浆、混凝土强度等级；梁、柱的配筋及节点做法；悬挑结构的锚固要求；楼梯间的构造；卫生间的构造；对标准图有无特别说明和规定等。

（3）屋面及装修部分：屋面防水节点做法；结构施工时应为装修施工提供预埋件和预留洞；内外墙和地面等材料及做法；防火、保温、隔热、防尘、高级装修等的类型和技术要求。

（4）设备安装工程部分：弄清设备安装工程各管线型号、规格及布置走向，各安装专业管线之间是否存在交叉和矛盾，建筑设备的型号、规格、尺寸是否正确，设备的位置及预埋件做法与土建是否存在矛盾。

3. 审查拟建工程的地点、建筑总平面图同国家、城市或地区规划是否一致，以及建筑物或构筑物的设计功能和使用要求是否符合环境卫生、防火及美化城市等方面的要求。

4. 审查设计图纸与说明书在内容上是否一致，以及设计图纸与其各组成部分之间有无矛盾和错误。

5. 审查设计图纸是否完整、齐全，以及是否符合国家有关工程建设的设计、施工方面的方针和政策。

6. 审查建筑总平面图与其他结构图在几何尺寸、坐标、标高、说明等方面是否一致，技术要求是否正确。

7. 审查地基处理与基础设计同拟建工程地点的工程水文、地质等条件是否一致，以及建筑物或构筑物与地下建筑物或构筑物、管线之间的关系。

8. 审查工业项目的生产工艺流程和技术要求，掌握配套投产的先后顺序和相互关系，以及设备安装图纸与其相配套的土建施工图纸上的坐标、标高是否一致；掌握土建施工质量是否满足设备安装的要求。

9. 明确拟建工程的结构形式和特点，复核主要承重结构的强度、刚度和稳定性是否满足设计要求，审查设计图纸中复杂、施工难度大和技术要求高的分部分项工程或新结构、新材料、新工艺。

10. 明确主要材料、设备的数量、规格、来源和供货日期，以及建设期限、分期分批投产或交付使用的顺序和时间。

11. 明确建设、设计和施工等单位之间的协作、配合关系，以及建设单位可以提供的施工条件。

（二）编制施工图预算和施工预算

在设计交底和图纸会审的基础上，施工组织设计已被批准的情况下，预算部门即可着手编制单位工程施工图预算和施工预算，以确定人工、材料和机械费用的支出，并确定人工数量、材料消耗数量及机械台班使用量等。

施工图预算是由施工单位主持，在拟建工程开工前的施工准备工作期间所编制的确定建筑安装工程造价的经济文件，是施工企业签订工程承包合同，工程结算，银行拨、贷款，进行企业经济核算的依据。

施工预算是根据施工图预算、施工图样、施工组织设计和施工定额等文件综合企业和工程实际情况所编制的，在工程确定承包关系以后进行，是施工单位内部经济核算和班组承包的依据。

（三）编制施工组织设计

施工组织设计是指导施工现场全过程的、规划性的、全局性的技术、经济和组织的综合性文件，是施工准备工作的重要组成部分。通过施工组织设计，能为施工企业编制施工计划及实施施工准备工作计划提供依据，保证拟建工程施工的顺利进行。

四、施工现场准备

施工现场是施工的全体参与者为了夺取优质、高速、低耗的目标，而有节奏、均衡、连续地进行建筑施工的活动空间。施工现场的准备即通常所说的室外准备（外业准备）。为工程创造有利于施工条件的保证，是保证工程按计划开工和顺利进行的重要环节，其工作应按照施工组织设计的要求进行。其主要内容有清除障碍物、三通一平、测量放线、搭设临时设施等。

（一）建设单位施工现场的准备工作

建设单位应按合同条款中约定的内容和时间完成以下工作：

1. 办理土地征用、拆迁补偿、平整施工场地等工作，使施工场地具备施工条件，在开工后继续负责解决以上事项遗留的问题。

2. 将施工所需水、电、电信线路从施工场地外部接至专用条款约定的地点，保证施工期间的需要。

3. 开通施工场地与城乡公共道路的通道，以及专用条款约定的施工场地内的主要道路，满足施工运输的需要，保证施工期间道路的畅通。

4. 向承包人提供施工场地的工程地质和地下管线资料，对资料的真实准确性负责。

5. 办理施工许可证及其他施工所需证件、批件和临时用地、停水、停电、中断道路交通、爆破作业等的申请批准手续（证明承包人自身资质的文件除外）。

6.确定水准点与坐标控制点，以书面形式交给承包人，进行现场交验。

7.协调处理施工场地周围地下管线和邻近建筑物、构筑物（包括文物保护建筑）、古树名木的保护工作，并承担有关费用。

（二）施工单位现场的准备工作

施工单位现场准备工作即通常所说的室外准备，施工单位应按合同条款中约定的内容和施工组织设计的要求完成以下工作：

1.根据工程需要，提供和维护非夜间施工使用的照明、围栏设施，并负责安全保卫。

2.按专用条款约定的数量和要求，向发包人提供施工场地办公和生活的房屋及设施，发包人承担由此发生的费用。

3.遵守政府有关主管部门对施工场地交通、施工噪声以及环境保护和安全生产等的管理规定，按规定办理有关手续，并以书面形式通知发包人，发包人承担由此发生的费用，因承包人责任造成的罚款除外。

4.按条款约定做好施工场地地下管线和邻近建筑物、构筑物（包括文物保护建筑）、古树名木的保护工作。

5.保证施工场地清洁，符合环境卫生管理的有关规定。

6.建立测量控制网。

7.工程用地范围内的"七通一平"，其中平整场地工作应由其他单位承担，但建设单位也可要求由施工单位完成，费用仍由建设单位承担。

8.搭设现场生产和生活用地临时设施。

（三）施工现场准备的主要内容

1.清除障碍物

施工场地内的一切障碍物，无论是地上的还是地下的，都应在开工前清除。这一工作通常由建设单位完成，有时也委托施工单位完成。拆除时，一定要摸清情况，尤其是在老城区内，由于原有建筑物和构筑物情况复杂，而且资料不全，在清除前应采取相应的措施，防止事故发生。

对于房屋，一般只要把水源、电源切断后即可进行拆除。若房屋较大、较坚固，则有可能采用爆破的方法，这需要由专业的爆破作业人员来承担，并且须经有关部门批准。

架空电线（电力、通信）、埋地电缆（包括电力、通信）、自来水管、污水管、煤气管道等的拆除，都要与有关部门取得联系并办好手续，一般最好由专业公司拆除。场内的树木需报请园林部门批准方可砍伐。

拆除障碍物后，留下的渣土等杂物都应清除出场外。运输时，应遵守交通、环保部门的有关规定，运土的车辆要按指定的路线和时间行驶，并采取封闭运输车辆或在渣土上直接洒水等措施，以免渣土飞扬而污染环境。

2. 做好"七通一平"

在工程用地范围内，接通施工用水、用电、道路和平整场地的工作，简称三通一平。其实，工地上实际需要的往往不只是水通、电通、路通，有的工地还需要供应蒸汽、架设热力管线，称为"热通"；通煤气，称为"气通"；通电话作为联络通信工具，称为"电信通"；还可能因为施工中的特殊要求，还有其他的"通"。通常，把"路通""给水通""排水通""排污通""电通""电信通""蒸汽及煤气通"称为七通。一平指的是场地平整。一般而言，最基本的还是三通一平。

3. 测量放线

按照设计单位提供的建筑总平面图及接收施工现场时建设方提交的施工场地范围、规划红线桩、工程控制坐标桩和水准基桩进行施工现场的测量与定位。这一工作是确定拟建工程平面位置的关键，施测中必须保证精度、杜绝错误。

施工时应根据建设单位提供的由规划部门给定的永久性坐标和高程，按建筑总图上的要求，进行现场控制网点的测量，妥善设立现场永久性标准，为施工全过程的投测创造条件。

在测量放线前，应做好检验校正仪器、校核红线桩（规划部门给定的红线，在法律上起着控制建筑用地的作用）与水准点，制定测量放线方案（如平面控制、标高控制、沉降观测和竣工测量等）等工作。若发现红线桩和水准点有问题，应提请建设单位及时处理。

建筑物应通过设计图中的平面控制轴线来确定其轮廓位置，测定后提交有关部门和建设单位验线，以保证定位的准确性。沿红线的建筑物，还要由规划部门验线，以防止建筑物压红线或超红线，为正常顺利施工创造条件。

4. 搭建临时设施

现场生活和生产用地临时设施，在布置安装时，要遵照当地有关规定进行规划布置，如房屋的间距、标准是否符合卫生和防火要求，污水和垃圾的排放是否符合环境的要求等。因此，临时建筑平面图及主要房屋结构图都应报请城市规划、市政、消防、交通、环境保护等有关部门审查批准。

为了施工方便和行人的安全，对于指定的施工用地的周界，应用围墙围护起来。围墙的形式和材料应符合市容管理的有关规定和要求，并在主要出入口设置标牌，标明工地名称、施工单位、工地负责人等。各种生产、生活用的临时设施，均应按批准的施工组织设计规定的数量、标准、面积、位置等要求组织搭建，不得乱搭乱建，并尽可能利用原有建筑物，减少临时设施的搭设，以便节约用地、节约投资。

各种生产、生活用的临时设施，包括各种仓库、混凝土搅拌站、预制构件场、机修站、各种生产作业棚、办公用房、宿舍、食堂、文化生活设施等，均应按批准的施工组织设计规定的数量、标准、面积、位置等要求组织修建。大、中型工程可分批分期修建。

5.组织施工机具进场、安装和调试

按照施工机具需要量计划，分期分批组织施工机具进场，根据施工总平面布置图，将施工机具安置在规定的地点或存储的仓库内。对于固定的机具要进行就位、搭设防护棚、接电源、保养和调试等工作。对所有施工机具，都必须在开工前进行检查和试运转。

6.组织材料、构配件制品进场存储

按照材料、构配件、半成品的需要量计划组织物资、周转材料进场，并依据施工总平面图规定的地点和指定的方式进行储存和定位堆放。同时，按进场材料的批量，依据材料试验、检验要求，及时采样并提供建筑材料的试验申请计划，严禁不合格的材料在现场存储。

五、物资准备

施工物资准备是指施工中必须有的劳动手段（施工机械、工具、临时设施）和劳动对象（材料、配件、构件）等的准备，是一项较为复杂而又细致的工作，建筑施工所需的材料、构（配）件、机具和设备品种多且数量大，能否保证按计划供应，对整个施工过程的工期、质量和成本，起着举足轻重的作用。各种施工物资只有运到现场并有必要的储备后，才具备必要的开工条件。因此，要将这项工作作为施工准备工作的一个重要方面来抓。施工管理人员应尽早计算出各阶段对材料、施工机械、设备、工具等的需用量，并说明供应单位、交货地点、运输方式等，特别是对预制构件，必须尽早从施工图中摘录出构件的规格、质量、品种和数量，制表造册，向预制加工厂订货并确定分笔交货清单、交货地点及时间，对大型施工机械、辅助机械及设备要精确计算工作日，并确定进场时间，做到进场后立即使用、用毕立即退场，提高机械利用率，节省机械台班费及停留费。

物资准备的具体内容有建筑材料的准备、预制构件和商品混凝土的准备、施工机具的准备、模板和脚手架的准备、生产工艺设备的准备等。

（一）基本建筑材料的准备

基本建筑材料的准备包括"三材"、地方材料和装饰材料的准备。准备工作应根据材料的需用量计划，组织货源，确定物资加工、供应地点和供应方式，签订物资供应合同。材料的储备应根据施工现场分期分批使用材料的特点，按照以下原则进行材料的储备：

首先，应按工程进度分期、分批进行。现场储备的材料多了会造成积压，增加材料保管的负担，同时也占用过多流动资金，而储备少了又会影响正常生产，所以材料的储备应合理、适宜。

其次，做好现场保管工作，以保证材料的数量和原有的使用价值。

再次，现场材料的堆放应合理。现场储备的材料，应严格按照施工平面布置图的位置堆放，以减少二次搬运，且应堆放整齐，标明标牌，以免混淆。另外，也应做好防水、防潮、易碎材料的保护工作。

最后，应做好技术试验和检验工作，对于无出厂合格证明和没有按规定测试的原材料，一律不得使用；不合格的建筑材料和构件，一律不准出厂和使用，特别对于没有把握的材料或进口原材料、某些再生材料的储备更要严格把关。

（二）拟建工程所需构（配）件、制品的加工准备

工程项目施工中需要大量的预制构（配）件、门窗、金属构件、水泥制品以及卫生洁具等，这些构件、配件必须事先提出订制加工单。对于采用商品混凝土现浇的工程，则先要到生产单位签订供货合同，并注明品种、规格、数量、需要时间及送货地点等。

（三）施工机具的准备

根据采用的施工方案，安排施工进度，确定施工机械的类型、数量和进场时间。确定施工机具的供应办法和进场后的存放地点和方式，编制建筑安装机具的需要量计划，为组织运输、确定堆场面积等提供依据。其主要内容如下：

1. 根据施工进度计划及施工预算所提供的各种构配件及设备数量，做好加工翻样工作，并编制相应的需用量计划。

2. 根据需用量计划，向有关厂家提出加工订货计划要求，并签订订货合同。

3. 对施工企业缺少且需要的施工机具，应与有关部门签订订购或租赁合同，以保证施工需要。

4. 对于大型施工机械（如塔式起重机、挖土机、桩基设备等）的需求量和时间，应向有关方面（如专业分包单位）联系，提出要求，在落实后签订有关分包合同，并为大型机械按期进场做好现场有关准备工作。

5. 安装、调试施工机具，按照施工机具需要量计划，组织施工机具进场，根据施工总平面图将施工机具安置在规定的地方或仓库。对施工机具要进行就位、搭棚、接电源、保养、调试工作。对所有施工机具都必须在使用前进行检查和试运转。

（四）模板和脚手架的准备

模板和脚手架是施工现场使用量大、堆放占地最大的周转材料。模板及其配件规格多、数量大，对堆放场地要求比较高，一定要分规格、型号整齐码放，便于使用及维修；大钢模一般要求立放，并防止倾倒，在现场也应规划出必要的存放场地；钢管脚手架、桥脚手架、吊篮脚手架等都应按指定的平面位置堆放整齐；扣件等零件还应防雨，以防锈蚀。

（五）生产工艺设备的准备

订购生产用的生产工艺设备，要注意交货时间与土建施工进度密切配合，因为某些庞大设备的安装往往要与土建施工穿插进行。土建施工全部完成或封顶后，安装会有困难，故各种设备的交货时间要与安装时间密切配合，以免影响建设工期。准备时按照拟建工程

生产工艺流程及工艺设备的布置图提出工艺设备的名称、型号、生产能力和需要量，确定分期分批进场时间和保管方式，编制工艺设备需要量计划，为组织运输、确定堆场面积提供依据。

六、其他施工准备

（一）资金准备

施工项目的实施需要耗费大量的资金，在施工过程中可能会遇到资金不到位的情况，包括资金的时间不到位和数量不到位，这就要求施工企业认真进行资金准备。资金准备工作具体内容主要有：编制资金收入计划；编制资金支出计划；筹集资金；掌握资金贷款、利息、利润、税收等情况。

（二）做好分包工作

大型土石方工程、结构安装工程以及特殊构筑物工程的施工等，若需实行分包的，则需在施工准备工作中依据调查中了解的有关情况，选定理想的协作单位。根据欲分包工程的工程量、完工日期、工程质量要求和工程造价等内容，签订分包合同。进行工程分包必须按照有关法规执行。

（三）向主管部门提交开工申请报告

在进行相应施工准备工作的同时，若具备开工条件，应该及时填写开工申请报告，并上报主管部门以获得批准。

（四）冬期施工各项准备工作

1. 合理安排冬期施工项目

为了更好地保证工程施工质量、合理控制施工费用，从施工组织安排上要综合研究，明确冬期施工的项目，做到冬期不停工，而冬期采取的措施费用增加较少。

2. 落实各种热源供应和管理

热源供应和管理包括各种热源供应渠道、热源设备和冬期用的各种保温材料的存储和供应，司炉工培训等工作。

3. 做好测温工作

冬期施工昼夜温差较大，为保证施工质量，在整个冬期施工过程中项目部要组织专人进行测温工作，每日实测室外最低温度、最高温度、砂浆温度，并负责把每天测温情况通知工地负责人。出现异常情况立即采取措施。测温记录最后由技术员归入技术档案。

4.做好保温防冻工作

冬期来临前，为保证室内其他项目能顺利施工，应做好室内的保温施工项目，如先完成供热系统，安装好门窗玻璃等项目；室外各种临时设施要做好保温防冻，如防止给水排水管道冻裂；防止道路积水结冰，并及时清扫道路上的积雪，以保证运输顺利。

5.加强安全教育，严防火灾发生

为确保施工质量，避免事故发生，要做好职工培训及冬期施工的技术操作和安全施工的教育，要有防火安全技术措施，并经常检查落实，保证各种热源设备完好。

（五）雨期施工各项准备工作

1.防洪排涝，做好现场排水工作

施工现场雨期来临前，应做好防洪排涝准备，做好排水沟渠的开挖，准备好抽水设备，防止因场地积水和地沟、基槽、地下室等浸水而造成损失。

2.做好雨期施工安排，尽量避免雨期窝工造成的损失

一般情况下，在雨期到来前，应多安排完成基础、地下工程，土方工程，室外及屋面工程等不宜在雨期施工的项目；多留些室内工作在雨期施工。将不宜在雨期施工的工程提前或延后安排，对必须在雨期施工的工程制定有效措施，晴天抓紧室外作业，雨天安排室内工作。注意天气预报，做好防汛准备，遇到大雨、大雾、雷击和6级以上大风等恶劣天气，应当停止进行露天高处、起重吊装和打桩等作业。

3.做好道路维护，保证运输畅通

雨期前检查道路边坡排水，适当提高路面，防止路面凹陷，保证运输畅通。

4.做好物资的存储

雨期到来前，材料、物资应多存储，减少雨期运输量，以节约费用。要准备必要的防雨器材，库房四周要有排水沟渠，以防物资淋雨浸水而变质。

5.做好机具设备等防护

雨期施工，对现场的各种设施、机具要加强检查，特别是脚手架、垂直运输设施等，要采取防倒塌、防雷击、防漏电等一系列技术措施。

6.加强施工管理，做好雨期施工的安全教育

要认真编制雨期施工技术措施，并认真组织贯彻实施。加强对职工的安全教育，防止各种事故的发生。

7.加固整修临时设施及其他准备工作

（1）施工现场的大型临时设施在雨期前应整修加固完毕，保证不漏、不塌、不倒和周围不积水，严防水冲入设施内。选址要合理，避开易发生滑坡、泥石流、山洪、坍塌等灾害的地段。大风和大雨后，应当检查临时设施地基和主体结构情况，发现问题及时处理。

（2）雨后应及时对坑槽沟边坡和固壁支撑结构进行检查，深基坑应当派专人进行认

真测量，观察边坡情况，如果发现边坡有裂缝、疏松，支撑结构折断、移动等危险征兆，应当立即采取处理措施。

（3）雨期施工中遇到气候突变，如暴雨造成水位暴涨、山洪暴发或因雨发生坡道打滑等情况时，应当停止土石方机械作业施工。

（4）雷雨天气不得进行露天电力爆破土石方工作，如中途遇到雷电，应迅速将雷管的脚线、电线主线两端连成短路。

（5）大风、大雨后作业应检查起重机械设备的基础、塔身的垂直度、缆风绳和附着结构以及安全保险装置，并先试吊，确认无异常后方可作业。

（6）落地式钢管脚手架底部应当高于自然地坪 50mm，并夯实整平，留一定的散水坡度在周围设置排水措施，防止雨水浸泡。

（7）遇到大雨、大雾、高温、雷击和6级以上大风等恶劣天气，应停止搭设和拆除作业。

（8）大风、大雨后要组织人员检查脚手架是否牢固，如有倾斜、下沉、松扣、崩扣和安全网脱落、开绳等现象，要及时进行处理。

（六）夏期施工各项准备工作

夏期施工最显著的特点就是环境温度高、相对湿度较小、雨水较多，所以要认真编制夏期施工的安全技术施工预案，认真做好各项准备工作。

1.编制夏期施工项目的施工方案，并认真组织贯彻实施

根据施工生产的实际情况，积极采取行之有效的防暑降温措施，充分发挥现有降温设备的功能，添置必要的设施，并及时做好检查维修工作。

2.现场防雷装置的准备

（1）防雷装置设计应取得当地气象主管机构核发的《防雷装置设计核准意见书》。

（2）待安装的防雷装置应符合国家有关标准和国务院气象主管机构规定的使用要求，并具备出厂合格证等证明文件。

（3）从事防雷装置的施工单位和施工人员应具备相应的资质证书或资格证书，并按照国家有关标准和国务院气象主管机构规定进行施工作业。

（七）施工人员防暑降温的准备

1.关心职工的生产、生活，确保职工劳逸结合，严格控制加班时间。入暑前，抓紧做好高温、高空作业工人的体检，对不适合高温、高空作业者，应适当调换其工作。

2.施工单位在安排施工作业任务时，要根据当地的天气特点尽量调整作息时间，避开高温时段，采取各种措施保证职工得到良好的休息，保持良好的精神状态。

3.施工单位要确保施工现场的饮用水供应，适当提供部分含盐饮料或绿豆汤，必须保证饮品的清洁卫生，保证施工人员有足量的饮用水供应。及时发放藿香正气水、人丹、十滴水、清凉油等防暑药物，防止中暑和传染疾病的发生。

4. 密闭空间作业，要避开高温时段进行，必须进行时要采取通风等降温措施，采取轮换作业方式，每班作业 15 ~ 20 分钟，并设立专职监护人。长时间露天作业，应采取搭设防晒棚及其他防晒措施。

5. 对患有高温禁忌症的人员要适当调整其工作时间或岗位，避开高温环境和高空作业。

（八）劳动组织的准备

1. 建立施工项目的组织机构

施工项目组织机构的建立应遵循的原则：根据工程规模、结构特点和复杂程度，确定施工组织的领导机构名额和人选；坚持合理分工与密切协作相结合的原则；把有施工经验、有创新精神、工作效率高的人选入领导机构；认真执行因事设职、因职选人。

对于一般单位工程，可设一名工地负责人，再配施工员、质检员、安全员及材料员等；对大型的单位工程或群体项目，则需配备一套班子，包括技术、材料、计划等管理人员。

2. 建立精干的施工队伍

施工队伍的建立要认真考虑专业、工种的合理配合，技工、普工的比例要满足合理的劳动组织及流水施工组织方式的要求。建立施工队组（专业施工队组，或混合施工队组）要坚持合理、精干高效的原则。人员配置要从严控制二、三线管理人员，力求一专多能、一人多职，同时，制定出该工程的劳动力需要量计划。

3. 集结施工力量，组织劳动力进场

工地领导机构确定之后，按照开工日期和劳动力需要量计划，组织劳动力进场。同时，要进行安全、防火和文明施工等方面的教育，并安排好职工的生活。

4. 建立健全各项管理制度

由于工地的各项管理制度直接影响其各项施工活动的顺利进行，因此必须建立健全工地的各项管理制度。一般管理制度包括：工程质量检查与验收制度；工程技术档案管理制度；建筑材料（构件、配件、制品）的检查验收制度；技术责任制度；施工图纸学习与会审制度；技术交底制度；职工考勤、考核制度；工地及班组经济核算制度；材料出入库制度；安全操作制度；机具使用保养制度。

5. 基本施工班组的确定

基本施工班组应根据工程的特点、现有的劳动力组织情况及施工组织设计的劳动力需要量计划来确定选择。各有关工种工人的合理组织，一般有以下几种参考形式：

（1）砖混结构的房屋。砖混结构的房屋采用混合班组施工的形式较好。在结构施工阶段，主要是砌筑工程。应以瓦工为主，配备适量的架子工、木工、钢筋工、混凝土工以及小型机械工等。装饰阶段则以抹灰工、油漆工为主，配备适当的木工、管道工和电工等。

这些混合施工队的特点是：人员配备较少，工人以本工种为主兼做其他工作，工序之间的衔接比较紧凑，因而劳动效率较高。

（2）全现浇结构房屋。全现浇结构房屋采用专业施工班组的形式较好。主体结构要浇灌大量的钢筋混凝土，故模板工、钢筋工、混凝土工是其主要工种。装饰阶段须配备抹灰工、油漆工、木工等。

（3）预制装配式结构房屋。预制装配式结构房屋采用专业施工班组的形式较好。这种结构的施工以构件吊装为主，故应以吊装起重工为主。因焊接量较大，电焊工要充足，并配以适当的木工、钢筋工、混凝土工，同时，要根据填充墙的砌筑量配备一定数量的瓦工。装修阶段须配备抹灰工、油漆工、木工等专业班组。

6. 做好分包或劳务安排

由于建筑市场的开放，用工制度的改革，施工单位仅仅靠自身的基本队伍来完成施工任务已非常困难，因此往往要联合其他建筑队伍（一般称外包施工队）共同完成施工任务。

（1）外包施工队独立承担单位工程的施工。对于有一定的技术管理水平、工种配套并拥有常用的中、小型机具的外包施工队伍，可独立承担某一单位工程的施工。在经济上，可采用包工、包材料消耗的方法，企业只需抽调少量的管理人员对工程进行管理，并负责提供大型机械设备、模板、架设工具及供应材料。

（2）外包施工队承担某个分部（分项）工程的施工。外包施工队承担某个分部（分项）工程的施工，实质上只是单纯提供劳务，而管理人员以及所有的机械和材料，均由本企业负责提供。

（3）临时施工队伍与本企业队伍混编施工。临时施工队伍与本企业队伍混编施工，是指将本身不具备施工管理能力，只拥有简单的手动工具，仅能提供一定数量的个别工种的施工队伍，编排在本企业施工队伍之中，并指定一批技术骨干带领他们操作，以保证质量和安全，共同完成施工任务。

使用临时施工队伍时，要进行技术考核。达不到技术标准、质量没有保证的不得使用。

7. 做好施工队伍的教育

施工前，企业要对施工队伍进行劳动纪律、施工质量和安全教育，要求本企业职工和外包施工队人员必须做到遵守劳动时间，坚守工作岗位，遵守操作规程，保证产品质量，保证施工工期及安全生产，服从调动，爱护公物。同时，企业还应做好职工、技术人员的培训和技术更新工作。只有不断提高职工、技术人员的业务技术水平，才能从根本上保证建筑工程质量，不断提高企业的竞争力。另外，对于某些采用新工艺、新结构、新材料、新技术的工程，应该先将有关的管理人员和操作工人组织起来培训，使之达到标准后再上岗操作。这也是施工队伍准备工作的内容之一。

第三章 施工组织总设计

第一节 施工组织总设计概述

一、施工组织总设计的基本概念

施工组织总设计是以整个建设项目或群体工程为编制对象，规划其施工全过程各项施工活动的技术经济性文件，带有全局性和控制性，其目的是对整个建设项目或群体工程的施工活动进行通盘考虑，全面规划，总体控制。施工组织总设计一般是在初步设计或扩大初步设计被批准后，由工程总承包公司或大型工程项目经理部（或工程建设指挥部）的总工程师主持，会同建设、设计和分包单位的工程技术人员进行编制的。

施工组织总设计的作用有：

1. 从全局出发，为整个项目的施工阶段做出全面的战略部署。

2. 为做好施工准备工作，保证资源供应提供依据。

3. 确定设计方案的可行性和经济合理性。

4. 为业主编制基本建设计划提供依据。

5. 为施工单位编制生产计划和单位工程施工组织设计提供依据。

6. 为组织全工地施工提供科学方案和实施步骤。

二、施工组织总设计的编制依据

编制施工组织总设计一般以设计文件，计划文件及相关合同，工程勘察和调查资料，上级的有关指示，相关的行业规范、标准等资料为依据。

1. 设计文件

包括已批准的初步设计文件或扩大初步设计文件（设计说明书、建设地区区域平面图、建筑总平面图、总概算或修正概算及建筑竖向设计图）。

2. 计划文件及相关合同

包括国家批准的基本建设计划文件，概、预算指标和投资计划，工程项目一览表，分期、分批投产交付使用的工程项目期限计划文件，工程所需的材料和设备的订货计划，工程项目所在地区主管部门的批件，施工单位上级主管（主管部门）下达的施工任务计划，招标投标文件及工程承包合同或协议，引进设备和材料的供货合同等。

3. 工程勘察和调查资料

包括建设地区地形、地貌、工程地质、水文、气象等自然条件资料；能源、交通运输、建筑材料、预制件、商品混凝土及构件、设备等技术经济条件资料；当地政治、经济、文化、卫生等社会生活条件资料。

4. 上级的有关指示

包括对建筑安装工程施工的要求，对推广新结构、新材料、新技术及有关的技术经济指标的要求等。

5. 相关的行业规范、标准

包括国家现行的规定、规范、概算指标、扩大结构定额、万元指标、工期定额、合同协议和议定事项及各施工企业累积统计的类似建筑的资料数据等。

三、施工组织总设计的编制程序

施工组织总设计的编制程序如图 3-1 所示。

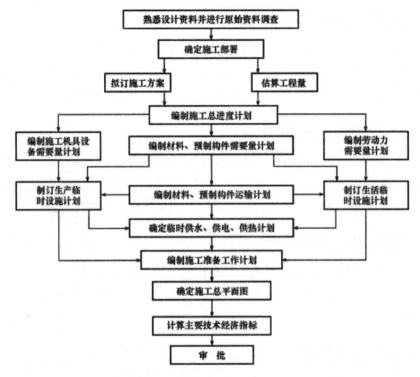

图3-1 施工组织总设计的编制程序

四、施工组织总设计的编制内容

施工组织总设计的编制内容通常包括以下几个组成部分。

（一）编制依据

编制依据具体包括：计划文件及有关合同；设计文件及有关资料；工程勘察和技术经济资料；现行规范、规程和有关技术规定；类似工程的施工组织总设计或参考资料。

（二）工程项目概况

工程项目概况是对整个建设项目的总说明和总分析，是对拟建建设项目或建筑群所做的一个简单扼要、重点突出的文字介绍。具体包括建设项目的特点，建设地区的自然、技术经济特点，施工条件等内容。

（三）施工部署

施工部署是施工组织总设计的核心，也是编制施工总进度计划的前提。其重点要解决如下问题：确定各主要单位工程的施工展开程序和开、竣工日期；划分各施工单位的工程任务和施工区段，建立工程项目指挥系统；明确施工准备工作的规划。

（四）施工总控制进度计划

施工总控制进度计划是保证各个项目以及整个建设工程按期交付使用、最大限度降低成本，从而充分发挥投资效益的重要条件。其主要内容包括：编制说明；施工总进度计划表；分期分批施工工程的开工日期、完工日期以及工期一览表；资源需用量以及供应平衡表等。

（五）各项资源需用量计划

施工总进度计划编制完成以后，就可以编制各种主要资源需用量计划。各项资源需用量计划是做好劳动力以及物资供应、调度、平衡、落实的具体依据。其内容主要包括：劳动力需要量计划；材料、构件及半成品需要量计划；施工机具需要量计划三个方面。

（六）施工总平面图设计

施工总平面图是拟建项目施工场地的总布置图。其按照施工部署、施工方案和施工总进度计划的要求，对施工现场的交通道路、材料仓库、附属企业、临时房屋、临时水电管线等做出合理的规划布置，从而指导现场施工的开展。

（七）技术经济指标

施工组织总设计编制完成后，还需要对其技术经济进行分析评价，以便进行方案改进或多方案优选。一般常用的技术经济指标包括施工工期、劳动生产率等。

五、工程概况

工程概况是对整个建设项目或建筑群体的总说明和总分析，是对拟建建设项目或建筑群体所做的一个简明扼要的文字介绍。有时为了补充文字介绍的不足，还可附拟建建设项目的总平面图，主要建筑的平面、立面、剖面示意图及辅助表格等。

其内容一般包括：建设项目构成，建设项目的建设、勘察设计、监理和施工单位，建设地区自然条件、技术经济条件、施工条件等状况。也可将施工总目标和项目管理组织在此一并介绍。

（一）建设项目构成

1.建设项目名称、性质、建设地点和工程特点。

2.占地总面积、建设总规模和生产能力。

3.建设工作量和设备安装总吨数。

4.生产工艺流程及其特点。

5.工程组成及每个单项（单位）工程设计特点、占地面积、建筑面积、建筑层数、建筑体积、结构类型、复杂程度，建筑、结构、装修设备安装概况等。

（二）建设项目的建设、勘察设计、监理和施工单位

建设项目的建设、勘察设计、监理和施工总分包单位名称及其资质等级、人员组成状况。

（三）建设地区自然条件

1. 地区特点、气象状况、地震烈度。

2. 场地特点、地形地质及水文等状况。

（四）建设地区技术经济条件

1. 当地建筑施工企业、社会劳动力状况。

2. 当地建筑材料、构配件和半成品的供应及价格等市场调查状况。

3. 当地进口设备和材料到货口岸及其转运方式等状况。

4. 当地交通运输、供水供电、电信和供热的能力与价格等状况。

5. 当地政治、经济、文化、科技、卫生、宗教等社会条件状况。

（五）施工条件

施工条件包括：建设方提供现场的标准及时间；设计方出图计划；资源供应条件。

（六）施工总目标及其他目标

建设项目施工的目标包括建设项目的施工总目标及单位工程的成本、工期、质量、职业健康安全、环境目标。

（七）项目管理组织

1. 明确项目管理的目标、工作内容、组织机构，其中项目管理组织机构一般以组织机构图来表示。

2. 项目经理部的质量、职业健康安全与环境管理体系。

3. 项目管理的工作程序、岗位责任制、各项管理制度和考核标准。

第二节　施工部署

施工部署是对整个建设项目施工全局做出的统筹规划和全面安排，是对影响建设项目全局性的重大战略部署做出的决策。

施工部署由于建设项目的性质、规模和施工条件等不同，其内容包括工程开展程序、施工任务划分与组织安排、重点工程的施工方案、主要工种的施工方法、全场性施工准备工作计划等。

一、工程开展程序

为了对整个施工项目进行科学地规划和控制，应对施工任务从总体上进行区分，并对施工任务的开展做出科学合理地程序安排。

施工任务区分主要是明确项目经理部的组织机构，形成统一的工程指挥系统；明确工程总的目标（包括质量、工期、安全、成本和文明施工等目标）；明确工程总包范围和总包范围内的分包工程；确定综合的或专业的施工组织；划分各施工单位的任务项目和施工区段；明确主攻项目和穿插施工的项目及其建设期限。

施工任务开展程序安排时，主要是从总体上把握各项目的施工顺序，并应注意以下几点：

1. 在保证工程工期的前提下，实行分期分批建设，既可以使各具体项目迅速建成，尽早投入使用发挥效益，又可以在全局上实现施工的连续性和均衡性，减少暂设工程的数量，降低工程造价。

2. 统筹安排各类项目施工，保证重点，兼顾其他，确保工程项目按期投产。按照工程项目的重要程度，应该优先安排的项目包括：

（1）按生产工艺要求须先投产或起主导作用的项目。

（2）工程量大、施工难度大、工期长的项目。

（3）运输系统、动力系统，如厂区道路、铁路和变电站街道等。

（4）生产上需先期使用的项目。

（5）供施工使用的工程项目。

对于建设项目中工程量小、施工难度不大、周期较短且又不急于使用的辅助项目，可以考虑与主体工程相配合，作为平衡项目穿插在主体工程的施工中进行。

3. 所有工程项目均应按照先地下后地上、先深后浅、先干线后支线的原则进行安排。

4. 在安排施工程序时，还应注意使已完工程的生产或使用和在建工程的施工互不妨碍，使生产、施工两手抓。

5. 施工程序应当与各类物资、技术条件供应之间保持平衡以及这些资源的合理利用相协调，促进均衡施工。

6. 施工程序必须注意季节的影响，应把不利于某季节施工的工程提前到该季节来临之前或推迟到该季节结束之后施工。但应注意，这样安排以后应保证质量，不拖延进度，不延长工期。大规模土方工程和深基础土方施工，一般要避开雨期；寒冷地区的房屋施工尽量在入冬前封闭，使冬期可进行室内作业和设备安装。

二、施工任务划分与组织安排

在明确使用项目管理体制、机构的条件下，划分参与建设的各施工单位的施工任务，明确总包与分包单位的关系，建立施工现场统一的组织领导机构及职能部门，确定综合化和专业化的施工组织，明确各施工单位之间的分工与协作关系，划分施工阶段，确定各施工单位分期分批的主导施工项目和穿插施工项目。

三、重点工程的施工方案

针对建设项目中工程量大、工期长的主要单项或单位工程，如生产车间、高层建筑、桥梁等，特殊的分项工程如桩基、深基础、现浇或预制量大的结构工程、升板工程、滑模工程、大模板工程、大跨工程、重型构件吊装工程、高级装饰装修工程和特殊外墙饰面工程等，通常需要编制人员在原则上进行施工方案的确定。其目的是为了进行技术和资源的先期准备工作，同时也是为了施工的顺利开展和施工现场的合理布置。

施工方案的内容包括：施工方案的确定、施工程序的确定和施工机械的选择等。

选择主要工程项目的施工方法时，应兼顾技术和经济的相互统一，尽量扩大工业化的施工范围，努力改进机械化施工的程度，从而减轻工人的劳动强度。

在选择施工机械时，应注意考虑实现效率与经济相统一，应使主要机械的性能既能符合工程的需要，又便于保养维修，具备经济上的合理性。同时，辅助配套机械的性能应与主要施工机械相适应，以充分发挥主要施工机械的生产效率。此外，大型机械应能进行综合流水作业，减少其拆、装、运的次数。

需要注意的是，施工组织总设计中所指的拟订主要项目的施工方案与单位工程施工组织设计所要求的内容和深度是不同的。前者只需原则性地提出施工方案，对涉及全局性的一些问题提出解决思路，如构件采用预制还是现浇、如何进行构件吊装、采用何种新工艺等。

四、主要工种的施工方法

主要工种工程是指工程量大、占用工期长、对工程质量起关键作用的工程，如土石方、基础、砌体、架子、模板、混凝土、结构安装、防水、装饰工程以及管道安装、设备安装、垂直运输等。在确定主要工种工程的施工方法时，应结合建设项目的特点和当地施工习惯，尽可能采用先进、合理、可行的工业化、机械化的施工方法。

1. 工业化施工

按照工厂预制和现场预制相结合的方针和逐步提高建筑工业化程度的原则，妥善安排包括钢筋混凝土构件生产及木制品加工、混凝土搅拌、金属构件加工、机械修理和砂石的生产。其安排要点如下：

（1）充分利用本地区的永久性预制加工厂生产大批量的标准构件，如屋面板、楼板、砌块、墙板、中小型梁、门窗、金属构件和铁件等。

（2）当本地区缺少永久性预制加工厂或其生产能力不能满足需要时，可考虑设置现场临时性预制加工厂，并定出其规模和位置。

（3）对大型构件（如柱、屋架）以及就近没有预制加工厂生产的中型构件（如梁等），一般应现场预制。

总之，要因地制宜，采用工厂预制和现场预制相结合的方针，经分析比较后选定预制方法，并编制预制构件加工计划。

2. 机械化施工

要充分利用现有机械设备，努力扩大机械化施工的范围，制订配套和改造更新的规划，增添新型的高效能机械，以提高机械化施工的生产效率。在安排和选用机械时，应注意以下各点：

（1）主要施工机械的型号和性能要既满足施工的需要，又能发挥其生产效率。

（2）辅助配套施工机械的性能和生产效率要与主要施工机械相适应。

（3）尽量使机械在几个项目上进行流水施工，以减少机械装、拆、运的时间。

（4）工程量大而集中时，应选用大型固定的机械；施工面大而分散时，应选用移动灵活的机械。

（5）注意贯彻大、中、小型机械相结合的原则。

五、全场性施工准备工作计划

根据施工开展的程序和施工方案，编制全场性的施工准备工作计划表（表3-1）。

表3-1　施工准备工作计划表

序号	准备工作名称	准备工作内容	主办单位	协办单位	完成日期	负责人

1. 安排好场内外运输、施工用的主干道、水电气来源及其引入方案。

2. 安排好场地平整性和全场性排水、防洪。

3. 安排好生产和生活基地建设。

4. 安排现场区内建筑材料、成品、半成品的货源和运输、储存方式。

5. 安排施工现场区域内的测量放线工作。

6. 编制新技术、新材料、新工艺、新结构的试验、测试与技术培训工作。

7. 做好冬、雨期施工的特殊准备工作。

第三节　施工总进度计划

施工总进度计划是施工现场各施工活动在时间上开展状况的体现。编制施工总进度计划就是根据施工部署中的施工方案和工程项目的开展程序，对全工地的所有工程项目做出时间上的安排。编制施工总进度计划的要求是保证拟建工程按期完工，迅速产生经济效益，并保证项目施工的连续性与均衡性，节约投资费用。其作用在于确定各个施工项目及其主要工种工程、准备工作和全工地工程的施工期限及其开工和竣工的日期，从而确定建筑施工现场劳动力、材料、成品、半成品、施工机械的需要数量和调配情况，现场临时设施的数量，以及水、电供应数量和能源、交通的需要数量等。

一、施工总进度计划的编制原则和依据

（一）施工总进度计划的编制原则

1. 合理安排施工顺序，保证在劳动力、物资以及资金消耗量最少的情况下，按规定工期完成拟建工程施工任务。

2. 采用合理的施工方法，使建设项目的施工连续且均衡地进行。

（二）施工总进度计划的编制依据

1. 工程的初步设计或扩大初步设计。

2. 有关概（预）算指标、定额、资料和工期定额。

3. 合同规定的进度要求和施工组织规划设计。

4. 施工总方案（施工部署和施工方案）。

5. 建设地区调查资料。

二、施工总进度计划的编制步骤

（一）工程分析计算

首先根据建设项目的特点划分项目。项目划分不宜过多，应突出主要项目，一些附属、辅助工程可以合并。然后估算各个主要项目的实物工程量。计算工程量时，可按初步（或扩大初步）设计图纸并根据各种定额手册进行计算。常用的定额资料有以下几种：

1. 万元、十万元投资工程量、劳动力及材料消耗扩大指标

这种定额规定了某一种结构类型建筑，每万元或十万元投资中劳动力、主要材料的消耗数量。根据设计图纸中的结构类型，即可估算出拟建工程分项需要的劳动力和主要材料的消耗数量。

2. 概算指标或扩大结构定额

这两种定额都是预算定额的进一步扩大。概算指标以每$100m^3$建筑体积为单位；扩大结构定额则以每$100m^2$建筑面积为单位。查定额时，首先查找与本建筑物结构类型、跨度、高度相类似的部分，然后查出这种建筑物按定额单位所需要的劳动力和各项主要材料的消耗量，从而推算出拟建建筑所需要的劳动力和材料的消耗数量。

3. 标准设计或已建房屋、构筑物的资料

在缺少上述几种定额手册的情况下，可采用标准设计或已建成的类似工程实际所消耗的劳动力及材料加以类比，按比例估算。但是，由于和拟建工程完全相同的已建工程极为少见，因此在采用已建工程资料时，一般都要进行折算、调整。除房屋外，还必须计算主要的全工地工程的工程量，如场地平整、铁路及道路和地下管线的长度等，这些可以根据建筑总平面图来计算。

最后将按上述方法计算出的工程量填入工程量汇总表中（表3-2）。

表3-2　工程量汇总表

序号	工程量名称	单位	合计	生产车间		仓库运输			网管				生活福利		大型暂设		备注
				××车间	…	仓库	铁路	公路	供电	供水	排水	供热	宿舍	文化福利	生产	生活	

（二）各单位工程施工期限确定

根据各单位工程的规模、施工难易程度、承建单位的施工水平及各种资源的供应情况等施工条件，确定各建筑物的施工期限。

（三）各单位工程开竣工时间和相互搭接关系确定

在施工部署中已经确定了总的施工期限、施工程序和各系统的控制期限及搭接时间，但对每一个单位工程的开竣工时间还未具体确定。通过对各主要建筑物的工期进行分析，确定各主要建筑物的施工期限之后，就可以进一步安排各建筑物的搭接施工时间。通常，应考虑以下主要因素：

1. 分清主次，保证重点，兼顾得当，同时进行的项目不宜过多。

2. 要满足连续、均衡施工的要求，尽量使各种施工人员、施工机械在全工地范围内连续施工，同时尽量使劳动力、施工机具和物资消耗量基本均衡，以利于劳动力的调度和资源供应。

3. 要满足生产工艺要求，合理安排各个建筑物的施工顺序，使土建施工、设备安装和试生产实现"一条龙"。

4. 认真考虑施工平面图的空间关系，使施工平面布置紧凑，少占土地，减少场地内部的道路管理长度。

5. 全面考虑各种条件限制，如施工企业自身的力量，各种原材料、机械设备等的供应情况，设计单位提供图纸的情况，各年度投资数量等条件，对各建筑物的开工、竣工时间进行调整。

（四）编制施工总进度计划表

在进行上述工作之后，便可着手编制施工总进度计划表。施工总进度计划可以用横道图表达，也可以用网络图表达。由于施工总进度计划只起控制性作用，因此不必编制得过细。用横道图计划比较直观，简单明了；网络计划需要表达出各项目或各工序间的逻辑关系，可以通过关键线路直观体现控制工期的关键项目或工序；另外，还可以应用电子计算机进行计算和优化调整，近年来这种方式已经在实践中得到广泛应用。

施工总进度计划和主要分部（项）工程流水施工进度计划可参照表3-3和表3-4编制。

表3-3 施工总进度计划表

序号	工程名称	工程量		设备安装指标/t	造价/千元			进度计划						
		单位	数量		合计	建筑工程	设备安装	第一年				第二年	第三年	
								I	II	III	IV			

注：1. 工程名称的顺序应按生产、辅助、动力车间、生活福利和管网等次序填列。

2. 进度计划的表达应按土建工程、设备安装和试运转用不同线条表示。

表3-4 主要分部（项）工程流水施工进度计划表

序号	单位工程和分部分项工程名称	工程量		机械		劳动力		施工延续天数	施工进度计划						
									××××年						
		单位	数量	机械名称	台班数量	机械数量	工种名称	总工日数	平均人数		××月	××月	××月	××月	××月	××月	...

注：单位工程主要项目填列，较小项目分类合并，分部分项工程只填主要的，如土方包括竖向布置，并区分挖与填；砌筑包括砌砖和砌石；现浇混凝土与钢筋混凝土包括基础、框架、地面垫层混凝土；吊

装包括装配式板材、梁、柱、屋架和钢结构；抹灰包括室内外装饰。此外，还有地面、屋面以及水、电、暖、卫、气的设备安装。

（五）确定总进度计划

初步施工总进度计划排定后，还要经过检查、调整等，才能确定较合理的施工总进度计划。一般的检查方法是观察劳动力和物资需要量的变动曲线。这些变动曲线如果有较大的高峰出现，则可用适当地调整穿插项目的时间或调整某些项目的工期等方法逐步加以改进，最终使施工趋于均衡。

三、制订施工总进度计划保证措施

1. 组织保证措施。从组织上落实进度控制责任，建立进度控制协调制度。

2. 技术保证措施。编制施工进度计划实施细则；建立多级网络计划和施工作业周计划体系；强化事前、事中和事后进度控制。

3. 经济保证措施。确保按时供应资金；奖励工期提前者；经批准紧急工程可采用较高的计件单价；保证施工资源正常供应。

4. 合同保证措施。全面履行工程承包合同；及时协调分包单位施工进度；按时提取工程款；尽量减少业主提出工程进度索赔的次数。

第四节　各项资源需用量计划

各项资源需用量计划是做好劳动力及物资的供应、平衡、调度、落实的依据，其内容一般包括以下几个方面：

一、劳动力需用量计划

劳动力需用量计划是确定暂设工程规模和组织劳动力进场的依据。编制时，首先根据各工种工程量汇总表中分别列出的各个建筑物专业工种的工程量，根据预算定额及有关资料便可求得各个建筑物主要工种的劳动量；再根据总进度计划表中各单位工程工种的持续时间，即可得到某单位工程在某段时间里的平均劳动力人数。同样方法可计算出各个建筑物的各主要工种在各个时期的平均工人数。将总进度计划表纵坐标方向上各单位工程同工种的人数叠加在一起并连成一条曲线，即为本工种的劳动力动态曲线图和计划表。劳动力需用量计划表见表3-5。

表3-5　劳动力需用量计划表

序号	工程名称	工种名称	高峰人数	××××年				××××年				备注
				一	二	三	四	一	二	三	四	
劳动力动态曲线												

二、主要材料和预制品需用量计划

根据各工种工程量汇总表所列各建筑物和构筑物的工程量，查定额以及概算指标便可得出各建筑物或构筑物所需的建筑材料、构件和半成品的需用量；然后根据总进度计划表大致估计出某些建筑材料在某季度的需用量，从而编制出建筑材料、构件和半成品的需用量计划。主要材料和预制品需用量计划是材料和构件等落实组织货源、签订供应合同、确定运输方式、编制运输计划、组织进场、确定暂设工程规模的依据。特别要以表格的形式确定计划，安排各种建筑材料、构件及半成品的进场顺序、时间和堆放场地。主要材料需用量计划见表 3-6，主要预制加工品需求量计划见表 3-7。

表3-6　主要材料需求量计划表

工程名称	主要材料								

注：1. 主要材料可按型钢、钢板、钢筋、管材、水泥、木材、砖、石、砂、石灰、油毡等填列。

2. 木材按成材计算。

表3-7　主要预制加工品需求量计划表

序号	名称	规格	单位	需求量				需求量进度计划					
				合计	正式工程	大型临时设施	施工措施	××××年					××××年
								合计	一季	二季	三季	四季	

注：预制加工品名称应与其他表一致，并应列出详细规格。

三、主要施工机具、设备需用量计划

施工机具、设备需用量是指总设计部署下所统一安排的机械设备和运输工具的需要数量，如统一安排的挖运土机械、垂直运输机械、搅拌机械和加工机械等。结合施工总进度计划确定其进场时间，据此编制其需用量计划表，见表3-8。

表3-8　主要施工机具、设备需用量计划表

机械名称	机械型号或规格	需用量		进退场时间/月									提供来源
		单位	数量										

第五节　施工总平面图设计

施工总平面图是拟建项目施工场地的总布置图。它是按照施工部署、施工方案和施工总进度计划的要求绘制的。它对施工现场的交通道路，材料仓库，附属生产和加工企业，临时建筑和临时水、电、管线等进行合理规划和布置，并用图纸的形式表达出来，从而正确处理全工地施工期间所需各项设施与永久建筑、拟建工程之间的空间关系，指导现场进行有组织、有计划的文明施工。

一、施工总平面图设计的原则

1.尽量减少施工用地，少占农田，使平面布置紧凑、合理。

2.合理组织运输，减少运输费用，保证运输通畅。

3.施工区域的划分和场地的确定，应符合施工流程要求，尽量减少专业工种与各工程之间的交叉。

4.尽量利用永久性建筑物、构筑物和现有设施为施工服务，降低施工设施建造费用，尽量采用装配式施工设施，提高其安装速度。

5.各种生产、生活设施应便于工人的生产和生活。

6.满足安全防火、劳动保护的要求。

二、施工总平面图设计的依据

1.各种设计资料，包括建筑总平面图、地形地貌图、区域规划图以及建筑项目范围内

有关的一切已有和拟建的各种设施的位置等。

2. 建设地区的自然条件和技术经济条件。

3. 建设项目的建筑概况、施工方案、施工进度计划，以便了解各施工阶段情况，合理规划施工场地。

4. 各种建筑材料、构件、加工品、施工机械和运输工具需用量汇总表，以便规划工地内部的储放场地和运输线路。

5. 各构件加工厂规模、仓库及其他临时设施的数量和外廓尺寸。

三、施工总平面图设计的内容

1. 建设项目建筑总平面图上一切地上和地下建筑物、构筑物以及其他设施的位置和尺寸。

2. 一切为全工地施工服务的临时设施的位置，包括：

（1）施工用地范围，施工用的各种道路。

（2）加工厂、制备站及有关机械的位置。

（3）各种建筑材料、半成品、构件的仓库和生产工艺设备的堆场、取弃土方位置。

（4）行政管理房、宿舍与文化生活福利设施等位置。

（5）水源、电源、变压器位置，临时给水排水管线和供电、动力设施。

（6）机械站、车库位置。

（7）一切安全、消防设施位置。

3. 永久性测量放线标桩位置。

施工总平面图应该随着工程的进展，不断地进行修正和调整，以适应不同时期的需要。

四、施工总平面设计的步骤

施工总平面图设计的步骤为：场外交通道路的引入→材料堆场、仓库和加工厂的布置→搅拌站的布置→场内运输道路的布置→全场性垂直运输机械的布置→行政与生活临时设施的布置→临时水、电管网及其他动力设施的布置→施工总平面图的绘制。

（一）场外交通道路的引入

场外交通道路的引入是指将地区或市政交通路线引入施工场区入口处。设计全工地施工总平面图时，首先应从考虑大批材料、成品、半成品、设备等进入工地的运输方式入手。当大批材料是由铁路运输时，要解决铁路的引入问题；当大批材料是由水路运输时，应考虑原有码头的运用和是否增设专用码头的问题；当大批材料是由公路运入工地时，由于汽车线路可以灵活布置，一般先布置场内仓库和加工厂，然后再布置场外交通的引入。

1. 铁路运输

当大量物资由铁路运入工地时，应首先解决铁路从何处引入及如何布置的问题。一般大型工业企业，厂区内都设有永久性铁路专用线，通常可将其提前修建，以便为工程施工服务。但由于铁路的引入将严重影响场内施工的运输和安全，因此，铁路的引入应靠近工地一侧或两侧。只有当大型工地分为若干个独立的工区进行施工时，铁路才可引入工地中央。此时，铁路应位于每个工区的旁侧。

2. 水路运输

当大量物资由水路运进现场时，应充分利用原有码头的吞吐能力。当需增设码头时，卸货码头应不少于两个，且宽度应大于 2.5m，一般用石或钢筋混凝土结构建造。

3. 公路运输

当大量物资由公路运进现场时，由于公路布置较灵活，一般先将仓库、加工厂等生产性临时设施布置在最经济合理的地方，再布置通向场外的公路线。

场外交通道路的引入，应结合地区及市政交通，选取最短线路来布置临时引入道。布置时，还应考虑以下几点要求：

（1）若引入临时铁路，要求纵坡小于 3%、曲率半径大于 300m；若引入临时公路，要求纵坡小于 6% ~ 8%、曲率半径大于 20m。

（2）若引入的最短线路遇有穿山过水的情况，应做出打洞造桥和绕道而行的经济估算，选择最经济的方案实施。

（3）对引入的临时线路，要注意避免受到滑坡、山洪等自然灾害的影响。

（4）临时引入的路基宽度，铁路可按 3.5m 考虑，公路可按 8m 考虑，路基两侧应考虑留出口宽 0.7m 左右的排水沟。

（二）材料堆场、仓库和加工厂的布置

施工组织总设计中主要考虑那些需要集中供应的材料和加工件的场（厂）库的布置位置和面积。不需要集中供应的材料和加工件，可放到各单位工程施工组织设计中去考虑。

当采用铁路运输大宗施工物资时，中心仓库应尽可能沿铁路专用线布置，并且在仓库前留有足够的装卸前线，否则要在铁路线附近设置转运仓库，而且该仓库要设置在工地同侧。当采用公路运输大宗施工物资时，中心仓库可布置在工地中心区或靠近使用的地方；如不可能这样做，也可将其布置在工地入口处。大宗地方材料的堆场或仓库，可布置在相应的搅拌站、预制厂或加工厂附近。当采用水路运输大宗施工物资时，要在码头附近设置转运仓库。

工业项目的重型工艺设备，尽可能运至车间附近的设备组装场停放，普通工艺设备可放在车间外围或其他空地上。

各种加工厂布置，应以方便使用、安全防水、运输费用最少、不影响正式工程施工的

正常进行为原则。一般应将加工厂集中布置在同一地区，且处于工地边缘。各种加工厂应与相应的仓库或材料堆场布置在同一地区。

1. 预制件加工厂应尽量利用建设地区的永久性加工厂。只有在其生产能力不能够满足工程需要时，才考虑在现场设置临时预制件厂，其位置最好布置在建设场地中的空闲地带上。

2. 钢筋加工厂可集中或分散布置，视工地具体情况而定。对于需冷加工、对焊、点焊钢筋骨架和大片钢筋网时，宜采用集中布置加工；对于小型加工、小批量生产和利用简单机具就能成型的钢筋的加工，宜采用就近的钢筋加工棚进行。

3. 木材加工厂设置与否、是集中还是分散设置、设置规模大小，应视建设地区内有无可供利用的木材加工厂而定。如建设地区无可供利用的木材加工厂，而锯材、标准门窗、标准模板等加工量又很大时，则应集中布置木材联合加工厂。对于非标准件的加工与模板修理工作等，可在工地附近设置的临时工棚进行分散加工。

4. 金属结构、锻工、电焊和机修等车间，由于在生产工艺上联系较紧密，应尽可能布置在一起。

（三）搅拌站的布置

工地混凝土搅拌站的布置有集中、分散、集中与分散相结合三种方式。当运输条件较好时，以采用集中布置较好；当运输条件较差时，以分散布置在使用地点或井架等附近为宜。一般当砂、石等材料由铁路或水路运入，而且现场又有足够的混凝土输送设备时，宜采用集中布置方式。若利用城市的商品混凝土搅拌站，只要考虑其供应能力和输送设备能否满足需要，并及时做好订货联系即可，工地则可不考虑布置搅拌站。除此之外，还可采用集中与分散相结合的方式。

混凝土搅拌站的布置选点应注意如下要点：

1. 搅拌站应尽量布置在场区下风方向的空地。

2. 搅拌站与生活、办公等临时设施的距离应尽可能远一点。

3. 搅拌站附近要有足够的空地，以布置砂石堆场。

4. 与施工道路紧密结合，使进、出料的交通比较方便。

（四）场内运输道路的布置

根据加工厂、仓库和各施工对象的相对位置，研究货物转运图，区分主要道路和次要道路进行道路的规划。规划厂区内道路时，应考虑以下几点：

1. 合理规划临时道路与地下管网的施工程序。在规划临时道路时，应充分利用拟建的永久性道路，提前修建永久性道路或者先修路基和简易路面。

2. 保证运输畅通。道路应有两个以上的出口，道路末端应设置回车场，且尽量避免与铁路交叉。厂内道路干线应采用环形布置，主要道路宜采用双车道，次要道路可以采用单车道。

3. 选择合理的路面结构。一般场外与省市级公路相连的干线，因其将来会成为永久性道路，因此将其一开始就修成混凝土路面；场内干线和施工机械行驶路线，最好采用砂石级配路面；场内支线一般为土路或砂石路。

（五）全场性垂直运输机械的布置

全场性垂直运输机械的布置应根据施工部署和施工方案所确定的内容而定，一般来说，小型垂直运输机械可由单位工程施工组织设计或分部工程作业计划做出具体安排，施工组织总设计一般根据工程特点和规模，考虑为全场服务的大型垂直运输机械的布置。

（六）行政与生活临时设施的布置

行政与生活临时设施包括办公室、汽车库、职工休息室、开水房、小卖部、食堂、俱乐部和浴池等。根据工地施工人数，可计算这些临时设施的建筑面积，应尽量利用建设单位的生活基地或其他永久性建筑，不足部分另行建造。

一般全工地行政管理用房宜设在全工地入口处，以便对外联系；也可设在工地中央，以便于全工地管理。工人用的福利设施应设置在工人较集中的地方，或工人必经之处。生活基地应设在场外，以距离工地 500 ~ 1000m 为宜。食堂可布置在工地内部或工地与生活区之间。

（七）临时水、电管网及其他动力设施的布置

当有可利用的水源、电源时，可以将水、电从外面接入工地，沿主要干道布置干管、主线，然后与各用户接通。临时变电站应设置在高压电引入处，不宜放在工地中心；临时水池应放在地势较高处。当无法利用现有水电时，为了获得电源，可在工地中心或其附近设置临时发电设备，沿干道布置主线；为了获得水源，可以利用地表水或地下水，并设置抽水设备和加压设备（简易水塔或加压泵），以便储水和提高水压。然后接出水管，布置管网。

临时水电管网布置应注意以下几点：

1. 尽量利用已有和提前修建的永久性线路。

2. 临时变电站应设在高压线进入工地处，避免高压线穿过工地。临时自备发电设备应设置在现场中心或靠近主要用电区域。

3. 临时水池、水塔应设在用水中心和地势较高处。管网一般沿道路布置，供电线路应避免与其他管道设在同一侧，主要供水、供电管线采用环状管网，孤立点可设枝状管网。

4. 管线穿路处均要套一铁管，一般电线用 51 ~ 76 的铁管，电缆用 102 的铁管，并埋入地下 0.6m 处。

5. 过冬的临时水管必须埋在冰冻线以下或采取保温措施。

6. 排水沟沿道路布置，纵坡不小于 0.2%，过路处须设涵管，在山地建设时应有防洪设施。

7. 消火栓间距不大于 120m，距离拟建房屋不小于 5m，不大于 25m，距离路边不大于 2m。

8. 各种管道布置的最小距离应符合有关规定。

（八）施工总平面图的绘制

1. 确定图幅大小和绘图比例

图幅大小和绘图比例应根据建设工程项目的规模、工地大小及布置内容多少来确定。图幅一般可选用 1 ～ 2 号图纸，常用比例为 1：1000 或 1：2000。

2. 合理规划和设计图面

施工总平面图除了要反映施工现场的布置内容外，还要反映周围环境。因此，在绘图时应合理规划和设计图面，并应留出一定的空余图面绘制指北针、图例及文字说明等。

3. 绘制建筑总平面图的有关内容

将现场测量的方格网、现场内外已建的房屋、构筑物、道路和拟建工程等，按正确的内容绘制在图面上。

4. 绘制工地需要的临时设施

根据布置要求及计算面积，将道路、仓库、材料加工厂和水、电管网等临时设施绘制到图面上去。对复杂的工程，必要时可采用模型布置。

5. 形成施工总平面图

在进行各项布置后，经分析比较、调整修改，形成施工总平面图，并作必要的文字说明，标上图例、比例、指北针。

完成的施工总平面图比例要正确，图例要规范，线条要粗细分明，字迹要端正，图面要整洁、美观。

第四章 单位工程施工组织设计

第一节 单位工程施工组织设计概述

单位工程施工组织设计是建筑施工企业组织和指导单位工程施工全过程各项活动的技术经济文件，是基层施工单位编制季度、月度、旬度施工作业计划，分部（分项）工程作业设计及劳动力、材料、预制构件、施工机具等供应计划的主要依据，是施工活动及建筑施工企业加强生产管理的一项重要工作。

一、单位工程施工组织设计的作用

单位工程施工组织设计的作用主要有以下几点：

1.贯彻施工组织总设计，具体实施施工组织总设计对该单位工程的规划建设。

2.编制该工程的施工方案，选择施工方法、施工机械，确定施工顺序，提出实现质量、进度、成本和安全目标的具体措施，为施工项目管理提出技术和组织方面的指导性意见。

3.编制施工进度计划，落实施工顺序、搭接关系及各分部、分项工程的施工时间，实现工期目标，为施工单位编制作业计划提供依据。

4.计算各种物资、机械、劳动力的需要量，安排供应计划，从而保证进度计划的实现。

5.对单位工程的施工现场进行合理设计和布置，统筹合理利用空间。

6.具体规划作业条件方面的施工准备工作。

7.单位工程施工组织设计是施工单位有计划地开展施工、检查、控制工程进展情况的重要文件。

8.单位工程施工组织设计是建设单位配合施工、监理单位工作，落实工程款项的基本依据。

二、单位工程施工组织设计的编制依据

编制单位工程施工组织设计，必须掌握和了解下述各项有关内容，作为编制时的基本

依据：

1. 主管部门的批示文件及建设单位的要求。如上级机关对该项工程的有关批示文件和要求、建设单位的意见和对施工的要求、施工合同中的有关规定等。

2. 经过会审的图纸。其包括单位工程的全部施工图纸、会审记录、设计变更及技术核定单、有关标准图，较复杂的建筑工程还包括设备、电气、管道等设计图纸。如果是整个建设项目中的一个单位工程，还要了解建设项目的总平面布置等。

3. 施工企业年度生产计划是对该工程的安排和规定的有关指标。如进度及其他项目穿插施工的要求等。

4. 施工组织总设计。本工程作为整个建设项目中的一个项目，应把施工组织总设计中的总体施工部署及对本工程施工的有关规定和要求作为编制依据。

5. 资源配备情况。如施工中需要的劳动力、施工机具和设备、材料、预制构件和加工品的供应能力和来源情况。

6. 建设单位可能提供的条件和水、电供应情况。如建设单位可能提供的临时房屋数量，水、电供应量，水压、电压能否满足施工要求等。

7. 施工现场条件和勘察资料。如施工现场的地形、地貌，地上、地下的障碍物，工程地质和水文地质，气象资料，交通运输道路及场地面积等。

8. 预算文件和国家规范等资料。工程的预算文件等资料提供了工程量和预算成本。国家的施工验收规范、质量标准、操作规程和有关定额是确定施工方案、编制进度计划的主要依据。

9. 国家或行业有关的规范、标准、规程、法规、条件及地方标准和条件。

10. 有关的参考资料及类似工程施工组织设计实例。

三、单位工程施工组织设计的编制原则

单位工程施工组织设计的编制原则主要有以下几点：

1. 做好现场工程技术资料的调查工作。工程技术资料是编制单位工程施工组织设计的主要依据。原始资料必须真实，数据要可靠，特别是水文、地质、材料供应、运输及水电供应的资料。每个工程各有不同的难点，组织设计中应着重收集施工难点的资料。有了完整、确切的资料，即可根据实际条件制订方案并从中优选。

2. 合理安排施工程序。可将整个工程划分成几个阶段，如施工准备、基础工程、预制工程、主体结构工程、屋面防水工程、装饰工程等。各个施工阶段之间应互相搭接、衔接紧凑，力求缩短工期。

3. 采用先进的施工技术，并进行合理的施工组织。采用先进的施工技术，是提高劳动生产率、保证工程质量、加快施工速度和降低工程成本的主要途径。应组织流水施工，采用网络计划技术安排施工进度。

4. 土建施工与设备安装应密切配合。某些工业建筑的设备安装工程量较大，为了使整个厂房提前投产，土建施工应为设备安装创造条件，设备安装进场时间应提前。设备安装尽可能与土建搭接，在搭接施工时，应考虑到施工安全和对设备的污染，并且最好分区、分段进行。水、电、卫生设备的安装也应与土建交叉配合。

5. 施工方案应作技术经济比较。对主要工种工程的施工方法和主要机械的选择，要进行多方案技术经济比较，以便选择经济合理、技术先进、切合现场实际的施工方案。

6. 确保工程质量和施工安全。在单位工程施工组织设计中，必须提出确保工程质量的技术措施和施工安全措施，尤其是对新技术和本施工单位较生疏的工艺。

7. 特殊时期的施工方案。在施工组织中，对雨期施工和冬期施工的特殊性应予以体现，并应有具体的应对措施。对使用农民工较多的工程，还应考虑农忙时劳动力调配的问题。

8. 节约费用和降低工程成本。合理布置施工平面图，能减少临时性设施和避免材料二次搬运，并能节约施工用地。安排进度时，应尽量利用建筑机械的工效和一机多用，并尽可能利用当地资源，以减少运输费用。正确的选择运输工具，以降低运输成本。

9. 环境保护的原则。从某种程度上说，工程施工就是对自然环境的破坏与改造。环境保护是我们可持续发展的前提。因此，在施工组织设计中应体现出对环境保护的具体措施。

四、单位工程施工组织设计的编制程序

单位工程施工组织设计的编制程序是指单位工程施工组织设计各个组成部分之间的先后次序，以及相互之间的制约关系。单位工程施工组织设计编制程序如图 4-1 所示。

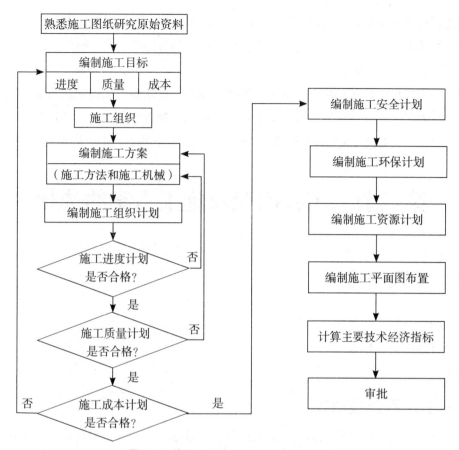

图4-1 单位工程施工组织设计编制程序

五、单位工程施工组织设计的编制内容

根据工程的性质、规模、结构特点、技术复杂难易程度和施工条件的不同，单位工程施工组织设计编制内容的深度和广度也不尽相同。但单位工程施工组织设计的内容一般应包括如下几点：

1. 工程概况：主要包括工程特点、建设地点特征、施工特点分析和施工条件等内容。

2. 施工方案：主要包括确定施工程序和施工起点流向、划分施工段、确定施工顺序、主要分部（分项）工程施工方法和施工机械的选择等内容。

3. 单位工程施工进度计划：主要包括确定各分部（分项）工程名称、计算工程量、计算工作延续时间、确定施工班组人数及安排施工进度等内容。

4. 施工准备工作计划：主要包括技术准备、现场准备、劳动力及施工机械、材料、构件加工、半成品的准备等内容。

5. 各项资源需用量计划：主要包括劳动力、施工机械、主要材料、构件和半成品需求量计划等内容。

6. 单位工程施工平面图：主要包括确定起重量、竖向运输机械、搅拌站、临时设施，材料及预制构件堆场布置，运输道路布置，临时供水、供电管线的布置等内容。

7. 主要技术组织措施：主要包括各项技术措施、质量措施、安全措施、降低成本措施和现场文明施工措施等内容。

对于一般常见的建筑结构类型或工程规模比较小、技术要求比较低且采用传统施工方法施工的一般工业与民用建筑，其施工组织设计可以编制得更简单一些，其内容一般可只包括施工方案、施工进度表、施工平面图，辅以扼要的文字说明，简称为"一案一表一图"。

第二节　工程概况及施工方案的选择

一、工程概况

根据调查所得工程项目原始资料、施工图及施工组织设计文件等，工程概况主要应包括工程建设概况、工程建设地点与环境特征、设计概况、施工条件和工程施工特点五个方面的内容。

（一）工程建设概况

工程建设概况主要介绍拟建工程的工程名称、性质、用途和工程造价、开工和竣工日期；工程建设目标（投资控制目标、进度控制目标、质量控制目标）；建设单位、设计单位、施工单位、监理单位情况；施工图纸情况，组织施工的指导思想和原则。

（二）工程建设地点与环境特征

工程建设地点与环境特征主要介绍拟建工程的所在位置。环境特征如地形、地貌、地质水文，不同深度土质分析、冻结时间和厚度，气温、冬期和雨期时间、风向、风力和抗震设防烈度等。

（三）设计概况

设计概况主要介绍拟建工程的建筑设计概况、结构设计概况、专业设计概况、工程的难点与特点等。其包括平面组成、层数、建筑面积、抗震设防程度、混凝土等级、砌体要求、主要工程实物量和内外装饰情况等。

（四）施工条件

施工条件主要介绍水、电、道路、场地、"三通一平"等情况；建筑场地四周环境，材料、构件、加工品的供应来源和加工能力等；施工单位的建筑机械和运输工具可供本工程使用的程度，施工技术和管理水平等。

（五）工程施工特点

工程施工特点主要介绍工程的施工特点和施工中的关键问题、主要矛盾，并提出解决方案。不同类型的建筑，不同条件下的工程施工，均有其不同的施工特点。例如，砖混结构建筑物的施工特点是砌砖和抹灰工程量大，水平和垂直运输量大；现浇钢筋混凝土结构建筑物的施工特点是结构和施工机具的稳定性要求高，钢材加工量大，混凝土浇筑量大，脚手架搭设要进行设计计算，安全问题突出等。

二、施工方案的选择

施工方案是单位工程施工组织设计的核心问题。施工方案合理与否，将直接影响工程的施工效率、质量、工期和技术经济效果，因此，必须引起足够的重视。

施工方案的选择一般包括：确定施工程序、划分流水段、确定施工起点流向、确定施工顺序、确定施工方法和施工机械。

（一）确定施工程序

施工程序是指单位工程中各分部工程或施工阶段的先后次序及其制约关系，其任务主要是从总体上确定单位工程的主要分部工程的施工顺序。工程施工受到自然条件和物质条件的制约，在不同施工阶段根据不同的工作内容按照其固有的、不可违背的先后次序循序渐进地向前开展，它们之间有着不可分割的联系，既不能相互代替，也不允许颠倒或跨越。

单位工程的施工程序一般为：接受任务阶段→开工前的准备阶段→全面施工阶段→交工验收阶段。每一阶段都必须完成规定的工作内容，并为下一阶段工作创造条件。

施工阶段遵循的程序主要有：先地下后地上、先主体后围护、先结构后装饰、先土建后设备等。具体表现如下：

1. 先地下后地上

先地下后地上主要是指首先完成管道管线等地下设施、土方工程和基础工程，然后开始地上工程施工。对于地下工程，也应按照先深后浅的程序进行，以免造成施工返工或对上部工程的干扰及施工不便，影响质量，造成浪费。

2. 先主体后围护

先主体后围护主要是指框架结构，应注意在总的程序上有合理的搭接。一般来说，多层建筑的主体结构与围护结构以少搭接为宜，而高层建筑则应尽量搭接施工，以便有效地节约时间。

3. 先结构后装饰

先结构后装饰主要是指先进行主体结构施工，后进行装饰工程的施工。但必须指出，随着新建筑体系的不断涌现和建筑工业化水平的提高，某些装饰与结构构件均可在工厂中完成。

4. 先土建后设备

先土建后设备主要是指一般的土建工程与水、暖、电、卫等工程的总体施工顺序，至于设备安装的某一工序要穿插在土建的某一工序之前，应属于施工工序的问题。工业建筑的土建工程与设备安装工程之间的程序，主要取决于工业建筑的种类。例如，对于精密仪器厂房，一般要求土建、装饰工程完成后安装工艺设备；对于重型工业厂房，一般先安装工艺设备，后建设厂房或设备安装与土建施工同时进行，如冶金车间、发电厂的主厂房、水泥厂的主车间等。

但是，影响施工的因素很多，故施工程序并不是一成不变的，特别是随着建筑工业化的不断发展，有些施工程序也将发生变化。例如，大板结构房屋中的大板施工，已由工地生产逐渐转向工厂生产，这时结构与装饰可在工厂内同时完成。又如，考虑季节性影响，冬期施工前应尽可能地完成土建和围护结构，以方便防寒和室内作业的开展。

（二）划分流水段

建筑物按流水理论组织施工，能取得很好的效益。为便于组织流水施工，就必须将大的建筑物划分成几个流水段，使各流水段之间根据一定程序组织流水施工。

划分流水段要考虑如下一些问题：

1. 尽可能保证结构的整体性，按伸缩缝或后浇带进行划分。厂房可按跨或生产区划分；住宅可按单元、楼层划分，也可按栋分段。

2. 使各流水段的工程量大致相等，便于组织节奏流水，使施工均衡、有节奏地进行，以取得较好的效益。

3. 流水段的大小应满足工人工作面的要求和施工机械发挥工作效率的可能。目前推广小流水段施工法。

4. 流水段数应与施工过程（工序）数相适应。如流水段数少于施工过程数，则无法组织流水施工。

（三）确定施工起点流向

施工起点流向是指单位工程在平面或空间上施工的开始部位及其展开方向，这主要取决于生产需要、缩短工期和保证质量等要求。一般来说，对单层建筑物，要按其工段、跨间分区分段地确定平面上的施工流向；对多层建筑物，除了确定每层平面上的施工流向外，还要确定其层间或单元空间上的施工流向。

确定单位工程施工起点流向时，一般应考虑如下因素：

1. 车间的生产工艺流程

这往往是确定施工流向的关键因素，因此，从生产工艺上考虑，影响其他工段试车投产的工段应该先施工。如 B 车间生产的产品需受 A 车间生产的产品影响，A 车间划分为三个施工段，Ⅱ、Ⅲ段的生产受Ⅰ段的约束，故其施工起点流向应从 A 车间的Ⅰ段开始。

2. 建设单位对生产和使用的需要

一般应考虑建设单位对生产或使用急的工段或部位先施工。

3. 工程的繁简程度和施工过程之间的相互关系

一般技术复杂、施工进度较慢、工期较长的区段部位应先施工。密切相关的分部、分项工程的流水施工，一旦前面施工过程的起点流向确定了，后续施工过程也就随之确定了。如单层工业厂房的挖土工程的起点流向，就决定着柱基础施工过程和某些预制、吊装施工过程的起点流向。

4. 房屋高低层和高低跨

如柱子的吊装应从高低跨并列处开始；屋面防水层施工应按先高后低的方向施工，同一屋面则由檐口到屋脊方向施工；基础有深浅之分时，应按先深后浅的顺序进行施工。

5. 工程现场条件和施工方案

施工场地大小、道路布置和施工方案所采用的施工方法及机械，也是确定施工流程的重要因素。例如，土方工程施工中，边开挖边外运余土，则施工起点应确定在远离道路的部位，由远及近地展开施工。又如，根据工程条件，挖土机械可选用正铲挖土机、反铲挖土机、拉铲挖土机等，吊装机械可选用履带式起重机、汽车式起重机或塔式起重机，这些机械的开行路线或布置位置决定了基础挖土及结构吊装施工的起点和流向。

6. 分部、分项工程的特点及其相互关系

如室内装修工程除平面上的起点和流向以外，在竖向上还要决定其流向，而竖向的流向确定显得更重要。就室内装饰工程的几种施工起点流向叙述如下：

（1）室内装饰工程自上而下的施工起点流向，是指主体结构工程封顶、做好屋面防水层后，从顶层开始，逐层往下进行。其施工流向如图 4-2 所示，有水平向下和垂直向下两种情况。通常，采用图 4-2（a）所示的水平向下流向的较多，此种起点流向的优点是：主体结构完成后，有一定的沉降时间，能保证装饰工程的质量；做好屋面防水层后，可防止在雨期施工时因雨水渗漏而影响装饰工程的质量；并且，自上而下的流水施工，各工序之间交叉少，便于组织施工，保证施工安全，从上往下清理垃圾方便。其缺点是：不能与主体施工连接，因而工期较长。

（2）室内装饰工程自下而上的施工起点流向，是指主体结构工程施工完第三层楼板后，室内装饰从第一层插入，逐层向上进行。其施工流程包括如图 4-3 所示的水平向上和垂直向上两种情况。这种方案的优点是：可以和主体砌筑工程交叉施工，故可以缩短工期；其缺点是：各施工过程之间交叉多，需要很好的组织和安排，并需采取安全技术措施。

（3）室内装饰工程自中而下再自上而中的施工起点流向，综合了上述两者的优缺点，适用于中、高层建筑的装饰施工。

室外装饰工程一般采取自上而下的施工起点流向。

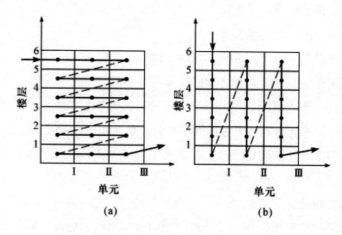

图4-2 室内装饰工程自上而下的施工方案

（a）水平向下；（b）垂直向下

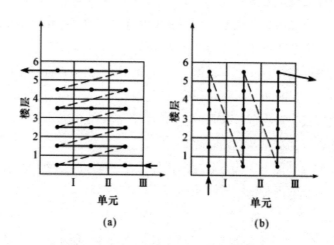

图4-3 室内装饰工程自下而上的施工方案

（a）水平向上；（b）垂直向上

（四）确定施工顺序

施工顺序是指单项（位）工程内部各个分部（项）工程之间的先后施工次序。施工顺序合理与否，将直接影响工种间配合、工程质量、施工安全、工程成本和施工速度，因此必须科学、合理地确定单项工程施工顺序。

确定施工顺序时应考虑的因素主要有以下几点：

1.遵守施工程序

施工程序确定了大的施工阶段之间的先后次序。在组织具体施工时，必须遵循施工程序。

2.符合施工工艺

如整浇楼板的施工顺序为：支模板→绑钢筋→浇混凝土→养护→拆模。

3. 与施工方法协调一致

如单层工业厂房结构吊装工程的施工顺序，当采用分件吊装法时，其施工顺序为：吊柱→吊梁→吊屋盖系统；当采用综合吊装法时，其施工顺序为：第一节间吊柱、梁和屋盖系统→第二节间吊柱、梁和屋盖系统→……→最后节间吊柱、梁和屋盖系统。

4. 考虑施工组织的要求

如安排室内外装饰工程施工顺序时，一般情况下可根据施工组织设计规定的顺序。

5. 考虑施工质量和安全的要求

确定施工过程先后顺序时，应以施工安全为原则，以保证施工质量为前提。例如，屋面采用卷材防水时，为了施工安全，外墙装饰在屋面防水施工完成后进行；为了保证质量，楼梯抹面在全部墙面、地面和顶棚抹灰完成之后，自上而下一次性完成。

6. 受当地气候影响

如冬期室内装饰施工，应先安装门窗扇和玻璃，后做其他装饰工程。

现将常见的多层混合结构居住房屋和装配式钢筋混凝土单层工业厂房的施工顺序分述如下：

（1）多层混合结构居住房屋的施工顺序。一般将多层混合结构居住房屋的施工划分为基础工程、主体结构工程和装饰工程三个主要阶段，如图4-4所示。

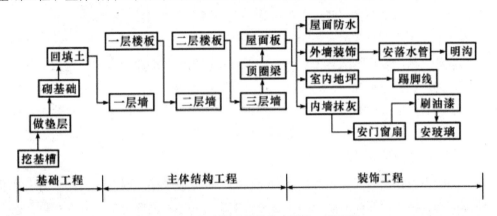

图4-4 混合结构三层居住房屋施工顺序图

①基础工程的施工顺序：基础工程阶段是指室内地坪（±0.000）以下的所有工程施工阶段。其施工顺序一般为：挖基槽→做垫层→砌基础→铺设防潮层→回填土。如果有地下障碍物、坟穴、防空洞、软弱地基，应先进行处理。

必须注意，挖基槽与垫层施工搭接要紧凑，间隔时间不宜太长，以防下雨后基槽积水，影响地基承载力。此外，垫层施工后要留有技术间歇时间，使其具有一定强度后，再进行下道工序。各种管沟的挖土、管道铺设等，应尽可能与基础施工配合，平行搭接进行。一般而言，回填土在基础完工后一次分层夯填，为后续施工创造条件。对零标高以下室内回填土，最好与基槽回填土同时进行；如不能同时进行，也可留在装饰工程之前与主体结构工程同时交叉进行。

②主体结构工程的施工顺序：主体结构工程施工阶段的工作，通常包括搭脚手架，墙体砌筑，安门窗框，安预制过梁，安预制楼板和楼梯，现浇构造柱、楼板、圈梁、雨篷、楼梯、屋面板等分项工程。圈梁、楼板、楼梯为现浇时，其施工顺序应为：立柱筋→砌墙→安柱模→浇筑混凝土→安梁、板、梯模板→安梁、板、梯钢筋→浇梁、板、梯混凝土。楼板为预制件时，砌筑墙体和安装预制楼板工程量较大，因此砌墙和安装楼板是主体结构工程的主导施工过程，它们在各楼层之间的施工是先后交替进行的。在组织主体结构工程施工时，一方面应尽量保障砌墙连续施工；另一方面应当重视现浇楼梯、厨房、卫生间的施工。现浇厨房、卫生间楼板的支模、绑筋可安排在墙体砌筑的最后一步插入，在浇筑构造柱、圈梁的同时，浇筑厨房、卫生间楼板。各层预制楼梯段的吊装应在砌墙、安装楼板的同时相继完成，特别是当采用现浇钢筋混凝土楼梯时，更应与楼层施工紧密配合；否则，由于混凝土养护时间的需要，会使后续工程不能按计划投入而延长工期。

③屋面工程的施工顺序：屋面工程的施工顺序一般为：找平层→隔汽层→保温层→找平层→防水层。对于刚性防水屋面的现浇钢筋混凝土防水层和分格缝施工，应在主体结构完成后开始并尽快完成，以便为室内装饰创造条件。一般情况下，屋面工程可以和装饰工程搭接或平行施工。

④装饰工程的施工顺序：装饰工程可分为室外装饰（外墙抹灰、勒脚、散水、台阶、明沟和落水管等）和室内装饰（顶棚、墙面、地面、楼梯、抹灰、门窗扇安装、油漆、门窗安玻璃、油墙裙和做踢脚线等）。室内外装饰工程的施工顺序通常根据先内后外、先外后内、内外同时进行三种顺序，具体确定哪种顺序应视施工条件和气候条件而定。通常，室外装饰应避开冬期或雨期。当室内为水磨石楼面时，为防止楼面施工时渗漏水对外墙面的影响，应先完成水磨石的施工。如果为了加速脚手架周转或要赶在冬、雨期到来前完成室外装饰，则应采取先外后内的顺序。

同一层的室内抹灰施工顺序为：地面→顶棚→墙面或顶棚→墙面→地面。前一种顺序便于清理地面，易于保证地面质量，且便于收集墙面和顶棚的落地灰，节省材料，但由于地面需要养护时间及采取保护措施，会使墙面和顶棚抹灰时间推迟，影响工期。后一种顺序在做地面前，必须将顶棚和墙面上的落地灰和渣子扫清洗净后再做面层，否则会影响地面面层同预制楼板间的粘结，导致地面起鼓。

底层地面一般多在各层顶棚、墙面、楼面做好后进行。楼梯间和踏步抹面，由于其在施工期间易损坏，通常在其他抹灰工程完成后，自上而下统一施工。门窗安装可以在抹灰前或后进行，视气候和施工条件而定。玻璃一般在门窗扇油漆后安装。

室外装饰工程应由上往下分层装饰，当落水管等分项工程全部完成后，即开始拆除该层的脚手架，然后进行散水坡及台阶的施工。室内外装饰各施工层与施工段之间的施工顺序，由施工起点的流向定出。

⑤水、暖、电、卫等工程的施工顺序：水、暖、电、卫工程不同于土建工程，可以分成几个明显的施工阶段，一般与土建工程中有关分部分项工程进行交叉施工，紧密配合。

a.在基础工程施工时，先将相应的上、下水管沟和暖气管沟的垫层、管沟墙做好，然后回填土。

b.在主体结构施工时，应在砌砖墙或现浇钢筋混凝土楼板的同时，预留上、下水管和暖气立管的孔洞、电线孔槽或预埋木砖及其他预埋件。

c.在装饰工程施工前，安装相应的各种管道和电气照明用的附墙暗管、接线盒等。水、暖、电、卫安装可以在楼地面和墙面抹灰前或后穿插施工。若电线采用明线，则应在室内粉刷后进行。室外外网工程的施工可以安排在土建工程前，或与土建工程同时进行。

（2）装配式钢筋混凝土单层工业厂房的施工顺序。装配式钢筋混凝土单层工业厂房的施工可分为基础工程、预制工程、结构安装工程、围护工程和装饰工程五个施工阶段。其施工顺序如图4-5所示。

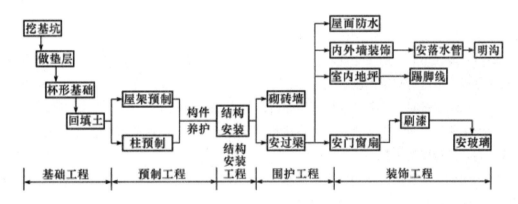

图4-5　装配式钢筋混凝土单层工业厂房施工顺序

①基础工程的施工顺序：挖基坑→做垫层→绑筋→支基础模板→浇混凝土基础→养护→拆模→回填土。

对于厂房的设备基础，由于其与厂房柱基础施工顺序的不同，常常会影响到主体结构的安装方法和设备安装投入的时间，因此需根据不同情况而定。通常有两种方案：

a.当厂房柱基础的埋置深度大于设备基础的埋置深度时，可采用"封闭式"施工，即厂房柱基础先施工、设备基础后施工。

通常，当厂房于雨期或冬期施工时，或者设备基础不大、在厂房结构安装后对厂房结构稳定性并无影响时，或者对于较大较深的设备基础采用了特殊的施工方法（如沉井）时，可采用"封闭式"施工。

b.当设备基础的埋置深度大于厂房柱基础的埋置深度时，通常采用"开敞式"施工，即厂房柱基础和设备基础同时施工。

当设备基础与厂房柱基础埋置深度相同或接近时，两种施工顺序可任意选择。只有当设备基础较大较深，其基坑的挖土范围已经与厂房柱基础的基坑挖土范围连成一片或深于厂房柱基础，以及厂房所在地点土质不佳时，方采用设备基础先施工的顺序。

②预制工程的施工顺序：单层工业厂房构件的预制方式，一般采用加工厂预制和现场预制相结合的方法。通常，对于质量较大或运输不便的大型构件，可在拟建车间现场就地预制，如柱、托架梁、屋架、吊车梁等。中、小型构件可在加工厂预制，如大型屋面板等标准构件和木制品等，宜在专门的加工厂预制。

单层工业厂房钢筋混凝土预制构件现场预制的施工顺序为：场地平整、夯实→支模→扎筋（有时先扎筋后支模）→预留孔道→浇筑混凝土→养护→拆模→张拉预应力钢筋→锚固→灌浆。

现场内部就地预制的构件，一般来说，只要基础回填土、场地平整完成一部分以后，就可以开始进行制作。但构件在平面上的布置、制作的流向和先后次序，主要取决于构件的安装方法、所选择起重机性能及构件的制作方法。制作的流向应与基础工程的施工流向一致，这样既能使构件早日开始制作，又能及早让出作业面，为结构安装工程提早开始创造条件。

采用分件吊装法时，预制构件的施工有三种方案：

a.当场地狭小而工期又允许时，构件制作可分别进行。首先预制柱和吊车梁，待柱和梁安装完毕，再进行屋架预制。

b.当场地宽敞时，可在柱、梁预制完后，即进行屋架预制。

c.当场地狭小而工期又紧时，可将柱和梁等预制构件在拟建车间内就地预制，同时在拟建车间外进行屋架预制。

当采用综合吊装法时，构件需一次制作。此时，应视场地具体情况确定构件是全部在拟建车间内部预制，还是一部分在拟建车间外预制。

现场后张法预应力屋架的施工顺序为：场地平整、夯实→支模（地胎模或多节脱模）→扎筋（有时先扎筋后支模）→预留孔道→浇筑混凝土→养护→拆模→预应力钢筋张拉→锚固→灌浆。

③结构安装工程的施工顺序：结构安装的施工顺序取决于吊装方法。当采用分件吊装法时，其顺序为：第一次开行吊装柱，并对其进行校正和固定，待接头混凝土强度达到设计强度的70%后，再进行第二次开行吊装；第二次开行吊装吊车梁、连系梁和基础梁；第三次开行吊装屋盖构件。采用综合吊装法时，其顺序为：先吊装第一节间四根柱，迅速校正和临时固定，再安装吊车梁及屋盖等构件，如此依次逐个节间安装，直至整个厂房安装完毕。抗风柱的吊装可采用两种施工顺序：一是在吊装柱的同时先安装同跨一端的抗风柱，另一端则在屋盖吊装完后进行；二是全部抗风柱的吊装，均待屋盖吊装完后进行。

结构安装工程是装配式单层工业厂房的主导施工阶段，应单独编制结构安装工程的施工作业设计。其中，结构吊装的流向通常应与预制构件制作的流向一致。当厂房为多跨且有高、低跨时，构件安装应从高、低跨柱列开始，先安装高跨，后安装低跨，以适应安装工艺的要求。

④围护工程的施工顺序：围护工程阶段的施工包括内外墙体砌筑、搭脚手架、安装门窗框和屋面工程等。在厂房结构安装工程结束后，或安装完一部分区段后，即可开始内外墙砌筑工程的分段施工。此时，不同的分项工程之间可组织立体交叉平行流水施工，砌筑一完，即开始屋面施工。

脚手架应配合砌筑和屋面工程搭设，在室外装饰之后、散水坡施工之前拆除。内隔墙的砌筑应根据内隔墙的基础形式而定，有的需在地面工程完工后进行，有的则可在地面工程之前，与外墙同时进行。

屋面工程的施工顺序，与混合结构居住房屋的屋面施工顺序相同。

⑤装饰工程的施工顺序：装饰工程的施工分为室内装饰（地面的整平、垫层、面层、门窗扇安装、玻璃安装、油漆、刷白等）和室外装饰（勾缝、抹灰、勒脚、散水坡等）。

一般而言，单层厂房的装饰工程与其他施工过程同时进行。地面工程应在设备基础、墙体工程完成了一部分并转入地下的管道及电缆或管道沟完成后随即进行，或视具体情况穿插进行。钢门窗安装一般与砌筑工程穿插进行，或在砌筑工程完成后进行，视具体条件而定。门窗油漆可在内墙刷白后进行，也可与设备安装同时进行。刷白应在墙面干燥和大型屋面板灌缝后进行，并在开始油漆前结束。

⑥水、暖、电、卫等工程的施工顺序：水、暖、电、卫等工程与混合结构居住房屋水、暖、电、卫等工程的施工顺序基本相同，但应注意空调设备安装工程的安排。生产设备的安装一般由专业公司承担，由于其专业性强、技术要求高，应根据有关专业的生产顺序进行。

（五）确定施工方法和施工机械

选择施工方法和施工机械是施工方案中的关键问题，其直接影响施工进度、施工质量和安全，以及工程成本。编制施工组织设计时，必须根据工程的建筑结构、抗震要求、工程量的大小、工期长短、资源供应情况、施工现场的条件和周围环境，制订出可行方案，并且进行技术经济比较，确定出最优方案。

1. 选择施工方法

选择施工方法时，应着重考虑影响整个单位工程施工的分部、分项工程的施工方法。主要是选择在单位工程中占重要地位的分部（项）工程，施工技术复杂或采用新技术、新工艺对工程质量起关键作用的分部（项）工程，工人不熟悉的特殊结构工程或由专业施工单位施工的特殊专业工程的施工方法。而对于按照常规做法和工人熟悉的分项工程，只要提出应注意的特殊问题即可，不必详细拟定施工方法。

对一些主要的工种工程，在选择施工方法和施工机械时，应主要思考以下几个问题：

（1）测量放线。

①说明测量工作的总要求。如测量工作是一项重要、谨慎的工作，操作人员必须按照

操作程序、操作规程进行操作，经常进行仪器、观测点和测量设备的检查验证，配合好各工序的穿插和检查验收工作。

②工程轴线的控制。说明实测前的准备工作、建筑物平面位置的测定方法，首层及各楼层轴线的定位、放线方法和轴线控制要求。

③垂直度控制。说明建筑物垂直度控制的方法，包括外围垂直度和内部各层垂直度的控制方法，并说明确保控制质量的措施。如某框架—剪力墙结构工程，建筑物垂直度的控制方法为：外围垂直度的控制采用经纬仪进行控制，在浇混凝土前后分别进行施测，以确保将垂直度偏差控制在规范允许的范围内；内部各层垂直度采用线坠进行控制，并用激光铅直仪进行复核，加强控制力度。

④沉降观测。可根据设计要求，说明沉降观测的方法、步骤和要求。如某工程根据设计要求，在室内外地坪上 0.6m 处设置永久沉降观测点。设置完后进行第一次观测，以后每施工完一层作一次沉降观测，而且相邻两次观测时间间隔不得大于两个月。竣工后每两个月进行一次观测，直到沉降稳定为止。

（2）土方工程。对于土方工程施工方案的确定，要看是场地平整工程还是基坑开挖工程。对于前者，主要考虑施工机械选择、平整标高确定和土方调配；对于后者，首先确定是放坡开挖还是采用支护结构，如为放坡开挖，则主要考虑挖土机械选择、降低地下水水位和明排水、边坡稳定、运土方法等；如采用支护结构，则主要考虑支护结构设计、降低地下水水位、挖土和运土方案、周围环境的保护和监测等。

（3）基础工程。

①浅基础的垫层、混凝土基础和钢筋混凝土基础施工的技术要求，以及地下室施工的技术要求。

②桩基础施工的施工方法和施工机械的选择。

（4）砌筑工程。

①砖墙的组砌方法和质量要求。

②弹线及皮数杆的控制要求。

③确定脚手架搭设方法及安全网的挂设方法。

（5）混凝土结构工程。对于混凝土结构工程施工方案，着重解决钢筋加工方法、钢筋运输和现场绑扎方法、粗钢筋的电焊连接、底板上皮钢筋的支撑、各种预埋件的固定和埋设，模板类型选择和支模方法、特种模板的加工和组装、快拆体系的应用和拆模时间，混凝土制备（如为商品混凝土，则选择供应商并提出要求）、混凝土运输（如为混凝土泵和泵车，则确定其位置和布管方式。如用塔式起重机和吊斗，则划分浇筑区、计算吊运能力等）、混凝土浇筑顺序、施工缝留设位置、保证整体性的措施、振捣和养护方法等。如为大体积混凝土，则需采取措施避免产生温度裂缝，并采取测温措施。

（6）结构吊装工程。对于结构吊装工程施工方案，着重解决吊装机械选择、吊装顺序、机械开行路线、构件吊装工艺、连接方法、构件的拼装和堆放等。如为特种结构吊装，则需用特殊吊装设备和工艺，还需考虑吊装设备的加工和检验、有关的计算（稳定、抗风、强度、加固等）、校正和固定等。

（7）屋面工程。

①屋面各个分项工程施工的操作要求。

②确定屋面材料的运输方式。

（8）装饰工程。

①各种装饰工程的操作方法及质量要求。

②确定材料运输方式及储存要求。

2.选择施工机械

选择施工方法必定涉及施工机械的选择。机械化施工是改变建筑工业生产落后面貌、实现建筑工业化的基础，因此，施工机械的选择是施工方法选择的中心环节。选择时应注意以下几点：

（1）首先，选择主导工程的施工机械，如地下工程的土方机械，主体结构工程的垂直、水平运输机械，结构吊装工程的起重机械等。

（2）各种辅助机械中，运输工具应与主导机械的生产能力协调配套，以充分发挥主导机械的效率。例如，土方工程在采用汽车运土时，汽车的载重量应为挖土机斗容量的整倍数，汽车的数量应保证挖土机连续工作。

（3）在同一工地上，应力求建筑机械的种类和型号尽可能少一些，以利于机械管理；尽量使机械少而配件多，一机多能，提高机械使用率。

（4）机械选择应考虑充分发挥施工单位现有机械的能力，当本单位的机械能力不能满足工程需要时，应购置或租赁所需新型机械或多用机械。

三、施工方案技术经济评价

对施工方案进行技术经济评价是选择最优施工方案的重要手段。因为任何一个分部、分项工程，一般都会有几个可行的施工方案，而施工方案的技术经济评价的目的就是在它们之间进行优选，选出一个工期短、质量好、材料省、劳动力安排合理、成本低的最优方案。

常用的施工方案技术经济评价方法有定性分析评价和定量分析评价两种。

（一）定性分析评价

施工方案的定性分析评价，是结合施工实际经验，对几个方案的优缺点进行分析和比较。通常用以下几个指标来评价：

1.工人在施工操作上的难易程度和安全可靠性。

2.为后续工程创造有利条件的可能性。

3. 利用现有或取得施工机械的可能性。

4. 施工方案对冬期、雨期施工的适应性。

5. 为现场文明施工创造有利条件的可能性。

（二）定量分析评价

施工方案的定量分析评价，是通过计算各方案的几个主要技术经济指标，进行综合分析和比较，并从中选择技术经济指标最优的方案。定量分析评价一般分为以下两种方法：

1. 多指标分析评价法

其对各个方案的工期指标、实物量指标和价值指标等一系列单个的技术经济指标进行计算对比，从中选出最优秀的方案。定量分析的指标通常有：

（1）工期指标。在确保工程质量和施工安全的条件下，以国家有关规定及建设地区类似建筑物的平均工期为参考，以合同工期为目标来满足工期指标或尽量缩短工期。当合同规定工程必须在短期内投入生产或使用时，选择方案就要在确保工程质量和安全施工的条件下，把缩短工期问题放在首位考虑。

（2）单位建筑面积造价。其是人工、材料、机械和管理费的综合货币指标。

$$单位建筑面积=\frac{施工实际费用}{建筑总面积}（元/m^2） \qquad (4-1)$$

（3）主要材料消耗指标。其主要反映若干施工方案的主要材料节约情况。

$$主要材料节约量=预算用量-施工组织设计计划用量 \qquad (4-2)$$

$$主要材料节约率=\frac{主要材料节约量}{主要材料预算用量}×100\% \qquad (4-3)$$

（4）降低成本指标。其能综合反映单位工程或分部、分项工程等在采用不同施工方案时的经济效果。

$$降低成本率=\frac{预算成本-计划成本}{预算成本}×100\% \qquad (4-4)$$

式中，预算成本是以施工图为依据按预算价格计算的成本；计划成本是按采用的施工方案确定的施工成本。

（5）投资额。当选定的施工方案需要增加新的投资时（如购买新的施工机械或设备），对增加的投资额也要加以比较。

2. 综合指标分析评价法

综合指标分析法是以各方案的多指标为基础，将各指标的值按照一定的计算方法进行综合计算，得到每个方案的综合指标后，对比各综合指标，从中选出优秀的方案。

首先根据多指标中各个指标在方案中的重要性，分别确定出它们的权值 W_i，再依据每一指标在各方案中的具体情况，计算出分值 $C_{i,j}$；设有 m 个方案和 n 种指标，则第 j 方案的综合指标 Aj 可按下式计算：

$$A_j = \sum_{i=1}^{n} C_{i,j} W_i$$ （4-5）

式中，j = 1,2，…，m;i = 1,2，…，n。

计算出各方案的综合指标，其中综合值最大的方案为最优方案。

第三节　单位工程施工进度计划编制

单位工程施工进度计划是在既定施工方案的基础上，根据规定工期和各种资源供应条件，按照施工过程的合理施工顺序及组织施工的原则，用横道图或网络图对单位工程从开始施工到工程竣工的全部施工过程在时间上和空间上的合理安排。

一、单位工程施工进度计划的作用与分类

（一）施工进度计划的作用

单位工程施工进度计划的作用有以下几点：

1.控制单位工程的施工进度，以保证在规定工期内完成符合质量要求的工程任务。

2.确定单位工程的各个施工过程的施工顺序、施工持续时间及相互搭接和合理配合的关系。

3.为编制月度、季度生产作业计划提供依据。

4.制订各项资源需用量的计划和编制施工准备工作计划的依据。

（二）施工进度计划的分类

单位工程施工进度计划可根据建设项目的规模大小、结构难易程度、工期长短、资源供应情况等因素，分为控制性进度计划和指导性进度计划两类。

1.控制性进度计划

控制性进度计划按分部工程来划分施工过程，控制各分部工程的施工时间及其相互搭接配合关系。其不仅适用于工程结构较复杂、规模较大、工期较长而需跨年度施工的工程（如体育馆、汽车站等大型公共建筑），而且还适用于虽然工程规模不大或结构不复杂，但各种资源（劳动力、机械、材料等）不落实的情况，以及建筑结构等可能发生变化的情况。

2.指导性进度计划

指导性进度计划按分项工程或施工工序来划分施工过程，具体确定各施工过程的施工时间及其相互搭接、配合关系。它适用于任务具体而明确、施工条件基本落实、各项资源

供应正常、施工工期不太长的工程。

二、单位工程施工进度计划的编制依据和程序

（一）施工进度计划编制依据

1. 经过审批的建筑总平面图、地形图、单位工程施工图、工艺设计图、设备基础图，采用的标准图集及技术资料。

2. 施工组织总设计对本单位工程的有关规定。

3. 施工工期要求及开、竣工日期。

4. 施工条件，如劳动力、材料、构件及机械的供应条件，分包单位的情况等。

5. 主要分部、分项工程的施工方案。

6. 劳动定额及机械台班定额。

7. 其他有关要求和资料。

（二）施工进度计划编制程序

单位工程施工进度计划编制程序如图 4-6 所示。

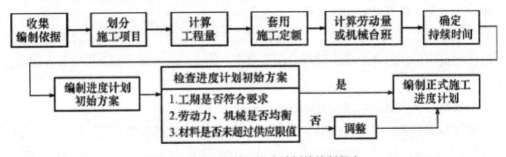

图4-6 单位工程施工进度计划的编制程序

三、单位工程施工进度计划的编制步骤和方法

单位工程施工进度计划编制的一般方法是，根据流水作业原理，首先编制各分部工程进度计划，然后搭接各分部工程流水，最后合理安排其他不便组织流水施工的某些工序，形成单位工程进度计划。施工进度计划的编制步骤如下：

（一）划分施工项目

施工项目是包含一定工作内容的施工过程，是进度计划的基本组成单元。编制施工进度计划时，应首先按照施工图和施工顺序，把拟建工程的各施工过程按先后顺序列出，其次结合施工方法、施工条件及劳动组织等因素，最后加以适当调整，作为编制施工进度计

划所需的施工项目。

在划分使用项目时，应注意以下几点：

1. 施工项目划分的粗细程度

分部、分项工程项目划分的粗细程度应根据进度计划的具体要求而定。对于控制性进度计划，项目的划分可粗略一些，一般只列出分部工程的名称；而对于实施性进度计划，项目应划分得细致一些，特别是对工期有影响的项目不能漏项，以使施工进度能切实指导施工。

2. 施工项目的划分，应与施工方案的要求保持一致

如结构安装过程，采用分件吊装法和综合吊装法，施工项目的划分步骤是不同的。

3. 施工项目的划分，需区分直接施工与间接施工的方法

单位工程施工进度计划的施工项目仅是包括现场直接在建筑物上施工的施工过程，这些施工过程需占用工作面和工期，必须列入施工进度计划。对不占用工作面和工期的施工过程，如构件制作和运输等施工过程，则不包括在内。

4. 将施工项目适当合并，使进度计划简明清晰，重点突出

这是主要考虑将某些带有穿插性或次要、工程量不大的分项工程合并到主要分项工程中，如安装门窗框可以并入砌墙工程；对同一时间由同一施工队施工的过程可以合并，如工业厂房各种油漆施工，包括门窗、钢梯、钢支撑等油漆可并为一项；对于零星、次要的施工项目，可统一列入"其他工程"一项。

5. 水、暖、电、卫工程和设备安装工程的列项

这些工程通常由各专业队负责施工，在施工进度计划中只需列出项目名称，反映出这些工程与土建工程的配合关系即可，不必细分。

6. 施工项目排列顺序的要求

所有的施工项目，应按施工顺序排列，即先施工的排前面、后施工的排后面。所采用施工项目的名称可参考现行定额手册上的项目名称。

（二）计算工程量

工程量是计算劳动量、施工项目持续时间和安排资源投入量的基础，应根据施工图纸、工程量计算规则及相应的施工方法进行计算。在投标阶段，若已有工程量清单，则只需对清单工程量进行复核，然后套用清单工程量即可。计算工程量时，还应注意以下几个问题：

1. 工程量的计量单位

每个施工过程的工程量的计量单位应与采用的施工定额的计量单位相一致。例如，模板工程以 m^2 为计量单位；绑扎钢筋工程以 t 为计量单位；混凝土以 m^3 为计量单位。这样，在计算劳动量、材料消耗量及机械台班量时就可直接套用施工定额，不再进行换算。

2. 采用的施工方法

计算工程量时，应与采用的施工方法相一致，以便计算的工程量与施工的实际情况是否相符合。例如，挖土时是否放坡，是否增加工作面，坡度和工作面尺寸是多少；开挖方式是单独开挖、条形开挖，还是整片开挖等，不同的开挖方式，土方工程量相差是很大的。

3. 正确取用预算文件中的工程量

如果编制单位工程施工进度计划时，已编制出预算文件（施工图预算或施工预算），则工程量可从预算文件中抄出并汇总。若有些项目不一致，则应根据实际情况加以调整或补充，甚至可以重新计算。

（三）套用施工定额

确定了施工过程及其工程量之后，即可套用施工定额（当地实际采用的劳动定额及机械台班定额），以确定劳动量和机械台班量。

在套用国家或当地颁布的定额时，必须注意结合本单位工人的技术等级、实际操作水平，施工机械情况和施工现场条件等因素，确定定额的实际水平，使计算出来的劳动量、机械台班量符合实际需要。

有些采用新技术、新材料、新工艺或特殊施工方法的施工过程，如果定额中尚未编入，这时可参考类似施工过程的定额、经验资料，按实际情况确定。

根据前述确定的施工项目、工程量和施工方法，即可套用施工定额。套用施工定额时，需注意以下几个问题：

1. 确定合理的定额水平。套用本企业制定的施工定额时，一般可直接套用；套用国家或地方颁布的定额时，必须结合本单位工人的实际操作水平、施工机械情况和施工现场条件等因素，确定实际定额水平。

2. 对于采用新技术、新工艺、新材料、新结构或特殊施工方法的项目，若施工定额中尚未编入，需参考类似项目的定额、经验资料，或按实际情况确定其定额水平。

3. 当施工进度计划所列项目工作内容与定额所列项目不一致时，如施工项目是由同一工种构成，但材料、做法和构造都不同的施工过程合并而成的，可采取其加权平均定额，计算公式如下：

$$\bar{S} = \frac{\sum\limits_{i=1}^{n} Q_i}{\sum\limits_{i=1}^{n} P_i}$$

（4-6）

$$\sum_{i=1}^{n} P_i = P_1 + P_2 + P_3 + \cdots + P_n = \frac{Q_1}{S_1} + \frac{Q_2}{S_2} + \frac{Q_3}{S_3} + \cdots + \frac{Q_n}{S_n}$$

$$\sum_{i=1}^{n} Q_i = Q_1 + Q_2 + Q_3 + \cdots + Q_n$$

式中 $\bar{S}$ ——某施工项目加权平均产量定额（m³/ 工日、m²/ 工日、m/ 工日、t/ 工日等）；

$\sum\limits_{i=1}^{n} Q_i$ ——该施工项目总工程量（m³、m²、m、t 等）；

$\sum\limits_{i=1}^{n} P_i$ ——该施工项目总劳动量（工日）；

Q_1，Q_2，Q_3，…，Q_n ——同一工种，但施工材料、做法、构造不同的各施工过程的工程量（m³、m²、m、t 等）；

P_1，P_2，P_3，…，P_n ——与上述施工过程相对应的劳动量（工日）；

S_1，S_2，S_3，…，S_n ——与上述施工过程相对应的产量定额（m³/ 工日、m²/ 工日、m/ 工日、t/ 工日等）。

（四）计算劳动量及机械台班量

确定工程量采用的施工定额，即可进行劳动量及机械台班量的计算。

1. 劳动量计算。一般按下列公式计算劳动工日数：

$$P_i = \frac{Q_i}{S_i} \tag{4-7}$$

或

$$P_i = Q_i \times H_i \tag{4-8}$$

式中 P_i ——该施工过程所需劳动量（工日）；

Q_i ——该施工过程的工程量（m³、m²、m、t 等）；

S_i ——该施工过程采用的产量定额（m³/ 工日、m²/ 工日、m/ 工日、t/ 工日等）；

H_i ——该施工过程采用的时间定额（工日 /m³、工日 /m²、工日 /m、工日 /t 等）。

2. 机械台班量计算。当施工项目以机械施工为主时，应按下列公式计算机械台班数：

$$P_{机械} = \frac{Q_{机械}}{S_{机械}} \tag{4-9}$$

或

$$P_{机械} = Q_{机械} \times H_{机械} \tag{4-10}$$

式中 $P_{机械}$ ——某施工过程需要的机械台班数（台班）；

$Q_{机械}$ ——机械完成的工程量（m³、t、件等）；

$S_{机械}$ ——机械的产量定额（m³/ 台班、t/ 台班等）；

$H_{机械}$ ——机械的时间定额（台班 /m、台班 /t 等）。

在实际计算中，S 机械或 H 机械的采用应根据机械的实际情况、施工条件等因素考虑、确定，以便准确地计算需要的机械台班数。

（五）确定各施工过程的持续时间

使用过程持续时间的确定方法有三种：经验估算法、定额计划法和倒排计划法。

1. 经验估算法

经验估算法也称三时估算法，即先估计出完成该施工过程中的最乐观时间、最悲观时间和最可能时间三种施工时间，再根据式（4-11）计算出该施工过程的延续时间。这种方法适用于新结构、新技术、新工艺、新材料等无定额可循的施工过程。

$$t = \frac{A + 4C + B}{6} \tag{4-11}$$

式中 A——最乐观的时间估算（最短的时间）；

B——最悲观的时间估算（最长的时间）；

C——最可能的时间估算（最正常的时间）。

2. 定额计划法

这种方法是根据施工过程需要的劳动量或机械台班量，以及配备的劳动人数或机械台数，确定施工过程持续时间。其计算公式如下：

$$t = \frac{P}{RN} \tag{4-12}$$

$$t_{机械} = \frac{P_{机械}}{R_{机械} N_{机械}} \tag{4-13}$$

式中 t——以某手工操作为主的施工过程持续时间（天）；

P——该施工过程所配备的劳动量（工日）；

R——该施工过程所配备的施工班组人数（人）；

N——每天采用的工作班制（班）；

$t_{机械}$——以某机械施工为主的施工过程的持续时间（天）；

$P_{机械}$——该施工过程所配备的机械台班数（台班）；

$R_{机械}$——该施工过程所配备的机械台班数（台班）；

$N_{机械}$——每天采用的工作台班（台班）。

3. 倒排计划法

这种方法是根据施工的工期要求，先确定施工过程的延续时间及工作班制，再确定施工班组人数（R）或机械台数（$R_{机械}$）。其计算公式如下：

$$R = \frac{P}{Nt} \tag{4-14}$$

$$R_{机械} = \frac{P_{机械}}{N_{机械} t_{机械}} \tag{4-15}$$

式中符号意义同式（4-12）、式（4-13）。

按一班制计算，若算得的机械台数或工人数超过施工单位能供应的数量或超过工作面所能容纳的数量，可增加工作班次或采取其他措施，使每班投入的机械台数或工人数减少到合理的范围。

（六）编制施工进度计划的初步方案

各分部分项工程的施工顺序和施工天数确定后，应按照流水施工的原则，力求主导工程连续施工；在满足工艺和工期要求的前提下，使大多数工程能平行地进行，使各个施工队的工人尽可能地搭接起来，其方法步骤如下：

1. 划分主要施工阶段，组织流水施工。要安排其中主导施工过程的施工进度，使其尽可能连续施工，然后安排其余分部工程，并使其与主导分部工程最大可能地平行进行或最大限度地搭接施工。

2. 配合主要施工阶段，安排其他施工阶段（分部工程）的施工进度。

3. 按照工艺的合理性和工序间尽量穿插、搭接或平行作业的方法，将各施工阶段流水作业用横线在表的右边最大限度地搭接起来，即得单位工程施工进度计划的初始方案。

所编制的施工进度计划初始方案，必须满足合同规定的工期要求，否则应进行调整。此外，还要保证工程质量和安全文明施工，尽量使资源的需要量均衡，避免出现过大的峰值。

（七）检查与调整施工进度和计划

对于初步编制的施工进度计划，要对各个施工过程的施工顺序、平行搭接及技术间歇是否合理；编制的工期能否满足合同规定的工期要求；劳动力及物资资源方面是否能连续、均衡施工等方面进行检查并初步调整，使不满足变为满足，使一般满足变成优化满足。施工进度计划调整的方法一般有：增加或缩短某些分项工程的施工时间；在施工顺序允许的条件下，将某些分项工程的施工时间向前或向后移动；必要时，可以改变施工方法或施工组织。总之，通过调整，在工期能满足要求的条件下，使劳动力、材料、设备需要趋于均衡，主要施工机械利用率趋于合理。

应当指出，上述编制施工进度计划的步骤不是孤立的，而是互相依赖、互相联系的，有的可以同时进行。还应看到，由于建筑施工是一个复杂的生产过程，受周围客观条件影响的因素很多，在施工过程中，由于劳动力、机械和材料等物资的供应及自然条件等因素的影响，经常导致其不符合原计划的要求，因而在工程进展中应随时掌握施工动态，经常检查，适时调整计划。

第四节 施工准备工作与各项资源需用量计划编制

一、施工准备工作计划

单位工程施工前，根据施工的具体情况和要求，编制施工准备工作计划，使施工准备工作有计划地进行，以便于检查、监督施工准备工作的进展情况，使各项施工准备工作的内容有明确的分工，有专人负责。单位工程施工准备工作计划可用横道图或网络图表达，也可列简表说明（表4-1）。

表4-1 施工准备工作计划

序号	准备工作名称	准备工作内容	主办单位	协办单位	完成时间	负责人

单位工程施工准备工作主要包括以下几方面的内容：

1. 建立工程管理组织

2. 编制施工进度控制实施细则

分解工程进度控制目标，编制施工作业计划；认真落实施工资源供应计划，严格控制工程进度目标；协调各施工部门之间的关系，做好组织协调工作；收集工程进度控制信息，做好工程进度跟踪监控工作；采取有效控制措施，保证工程进度控制目标。

3. 编制施工质量控制实施细则

分解施工质量控制目标，建立健全施工质量体系；认真确定分项工程质量控制点，落实其质量控制措施；跟踪监控施工质量，分析施工质量变化状况；采取有效质量控制措施，保证工程质量控制目标。

4. 编制施工成本控制实施细则

分解施工成本控制目标，确定分项工程施工成本控制标准；采取有效成本控制措施，跟踪监控施工成本；全面履行承包合同，减少业主索赔机会；按时结算工程价款，加快工程资金周转；收集工程施工成本控制信息，保证施工成本控制目标。

5. 做好工程技术交底工作

编制单项（位）工程施工组织设计、工程施工实施细则和施工技术标准交底。技术交底方式有书面交底、口头交底和现场示范操作交底三种，通常采用自上而下逐级进行交底的方法。

6. 建立工作队组

根据施工方案、施工进度和劳动力需要量计划要求，确定工作队形式，并建立队组领导体系；队组内部工人技术等级比例要合理，并满足劳动组合优化要求。

7. 做好劳动力培训工作

根据劳动力需要量计划，组织劳动力进场，组建好工作队组，并安排好工人进场后的生活，然后按工作队组编制组织上岗前培训。

8. 做好施工物资准备

（1）建筑材料准备。

（2）预制加工品准备。

（3）施工机具准备。

（4）生产工艺设备准备。

9. 做好施工现场准备

（1）清除现场障碍物，实现"三通一平"。

（2）现场控制网测量。

（3）建造各项施工设施。

（4）做好冬期、雨期施工准备。

（5）组织施工物资和施工机具进场。

二、各项资源需用量计划

单位工程施工进度计划编制确定以后，根据施工图样、工程量计算资料、施工方案、施工进度计划等有关技术资料，着手编制劳动力需要量计划，各种主要材料、构件和半成品需要量计划及各种施工机械的需要量计划。根据施工进度计划编制的各种资源需求量计划，是做好各种资源的供应、调度、平衡、落实的依据，也是施工单位编制月、季生产作业计划的主要依据之一。

（一）劳动力需求量计划

劳动力需求量计划是根据施工预算、劳动定额和进度计划编制的，主要反映工程施工所需各种技工、普工人数，它是控制劳动力平衡、调配的主要依据。其编制方法是：将施工进度计划表上每天（或旬、月）施工的项目所需工人按工种分别统计，得出每天（或旬、月）所需工种及其人数，再按时间进度要求汇总。劳动力需求量计划的表格形式见表4-2。

表4-2 劳动力需求量计划表

序号	工程名称	劳动量/工日	月份						...	备注
			1月			2月			...	
			上	中	下	上	中	下		

（二）主要材料需要量计划

主要材料需要量计划是对单位工程进度计划表中各个施工过程的工程量按组成材料的名称、规格、使用时间和消耗、储备分别进行汇总而成。其用于掌握材料的使用、储备动态，确定仓库堆场面积和组织材料运输，其表格形式见表4-3。

表4-3 主要材料需要量计划表

序号	材料名称	规格	需要量		供应时间	备注
			单位	数量		

（三）预制构件需要量计划

预制构件需要量计划是根据施工图、施工方案、施工方法及施工进度计划要求编制的，主要反映施工中各种预制构件的需要量及供应日期，作为落实加工单位，确定规格、数量和使用时间，组织构件加工和进场的依据。一般按钢构件、木构件、钢筋混凝土构件等不同种类分别编制，并提出构件名称、规格、数量及使用时间等，其表格形式见表4-4。

表4-4 预制构件需要量计划表

序号	预制构件名称	型号（图号）	规格尺寸/mm	需要量		要求供应起止日期	备注
				单位	数量		

（四）施工机具设备需要量计划

施工机具设备需要量计划主要用于确定施工机具设备的类型、数量、进场时间，可据此落实施工机具设备来源，组织进场。其编制方法为：将单位工程施工进度计划表中的每一个施工过程每天所需的机具设备类型、数量和施工日期进行汇总，即得出施工机具设备需要量计划，其表格形式见表4-5。

表4-5 施工机具设备需要量计划表

序号	施工机具设备名称	型号	规格	电功率/（kV·A）	需要量/台	使用时间	备注

第五节 单位工程施工平面图设计

单位工程施工平面图是用以指导单位工程施工的现场平面布置图，涉及与单位工程有关的空间问题，是施工总平面图的组成部分。单位工程施工平面图设计的主要依据是单位工程的施工方案和施工进度计划，一般按1：200～1：500来确定。

一、单位工程施工平面图设计的内容

1.在单位工程施工区域内，地下、地上已建的和拟建的建筑物（构筑物）及其他设施施工的位置和尺寸。

2.拟建工程所需的起重和垂直运输机械、卷扬机、搅拌机等布置位置及主要尺寸，起重机械开行路线及方向等。

3.交通道路布置及宽度尺寸，现场出入口，铁路及港口位置等。

4.各种预制构件、预制场地的规划及面积、堆放位置，各种主要材料堆场面积及位置，仓库面积及位置，装配式结构构件的就位布置等。

5.各种生产性及生活性临时建筑、临时设施的布置及面积、位置等。

6.临时供电、供水、供热等管线布置，水源、电源、变压器位置，现场排水沟渠及排水方向等。

7.测量放线的标桩位置，地形等高线和土方取弃地点。

8.一切安全及防火设施的位置。

二、单位工程施工平面图设计的依据

单位工程施工平面图设计是在经过现场勘察、调查研究并取得现场周围环境第一手资料的基础上，对拟建工程的工程概况、施工方案、施工进度及有关要求进行分析研究后进行设计的。只有这样，才能使施工平面图与施工现场的实际情况一致，真正起到指导现场施工的作用。单位工程施工平面图的主要依据如下：

1.有关拟建工程的当地原始资料。例如，自然条件调查资料、技术经济调查资料、社会调查资料等。

2.现场可利用的建筑设施、场地、道路、水源、电源、通信源等条件。

3.与工程有关的设计资料。例如，标有现场的一切已建和拟建建筑物、构筑物建筑总平面图，拟建工程施工图纸及有关资料，现场原有的地下管网图，建筑区域的竖向设计资料和土方调配图等。

4.施工组织设计资料：包括施工方案、进度计划、资源需用量计划等，用以确定各种施工机械、材料和构件堆场，施工人员办公和生活用房的位置、面积和相互关系。

5.环境对施工的限制条件：包括施工现场周围的建筑物和构筑物对施工项目的影响，交通运输条件，以及对施工现场的废气、废液、废物、噪声和环境卫生的特殊要求。

6.有关建设法规对施工现场管理提出的要求。

三、单位工程施工平面图设计的原则

（一）在尽可能的条件下，平面布置力求紧凑，尽量少占施工用地

对于建筑场地而言，减少场内运输距离和缩短管线长度，既有利于现场施工管理，又有利于节省施工成本。通常，可以采用一些技术措施减少施工用地。例如，合理计算各种材料的储备量，尽量采用商品混凝土施工，有些结构构件可采用随吊随运方案，某些预制构件可采用平卧叠浇方案，临时办公用房可采用多层装配式活动房屋等。

（二）在保证工程顺利进行的条件下，尽量减少临时设施用量

为了降低临时工程的施工费用，最有效的办法是尽量利用已有或拟建的房屋和各种管线为施工服务。另外，对于必须建造的临时设施，应尽量采用装拆式或临时固定式。临时道路的选择方案应使土方量最小，临时水、电系统的选择方案应使管网线路的长度最短等。

（三）最大限度缩短场内运输距离，减少场内二次搬运

如各种主要材料、构配件堆场应布置在塔式起重机有效工作半径范围之内，尽量使各种资源靠近使用地点布置，力求转运次数最少。

（四）临时设施布置，应有利于施工管理和工人的生产和生活

如办公区应靠近施工现场,生活福利设施最好与施工区分开,分区明确,避免人流交叉。

（五）施工平面图布置要符合劳动保护、技术安全和消防要求

如现浇石灰池、沥青锅应布置在生活区的下风处，木工棚、石油沥青卷材仓库也应远离生活区。同时，还要采取消防措施，如易燃易爆物品场所旁应有必要的警示标志。

设计施工平面图除考虑上述基本原则外，还必须结合施工方法、施工进度，择优选择施工平面图布置方案。

四、单位工程施工平面图设计的布置

（一）起重运输机械的布置

起重运输机械的位置直接影响搅拌站、加工厂及各种材料、构件的堆场或仓库等的位置和道路、临时设施及水、电管线的布置等，其是施工现场全局布置的中心环节，应优先确定。

起重机械数量按下式确定：

$$N = \sum Q / S \qquad （4-16）$$

式中 N——起重机台数；

$\sum Q$——垂直运输高峰期每班要求运输总次数；

S——每台起重机每班运输次数。

1. 塔式起重机。塔式起重机分行走式和固定式两种。目前建筑行业广泛使用的是固定式塔式起重机，如附着式起重机和爬升式起重机；行走式起重机由于其稳定性差，所以已逐渐被淘汰。

塔式起重机的位置要结合建筑物的平面布置、形状、高度和吊装方法等进行布置。起重高度、幅度及起重量要满足要求，为使材料和构件可达建筑物的任何使用地点，尽量避免出现如图4-7所示的死角。塔式起重机离建筑物的距离（B）应该考虑脚手架的宽度、建筑物悬挑部位的宽度、安全距离、回转半径（R）等。

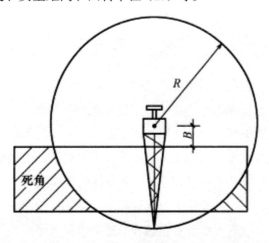

图4-7 塔式起重机布置方案

2. 自行无轨式起重机械。自行无轨式起重机械分履带式、轮胎式和汽车式三种起重机。其一般不作垂直提升和水平运输之用，一般适用于装配式单层工业厂房主体结构的吊装，也可用于混合结构，如大梁等较重构件的吊装方案等。

3.井架（龙门架）卷扬机。井架（龙门架）是固定式垂直运输机械，稳定性好、运输量大，是施工中最常用的、也是最为简便的垂直运输机械，采用附着式可搭设超过 100 m 的高度。井架内设吊盘（也可在吊盘下加设混凝土料斗），井架上可视需要设置气拔杆，其起重量一般为 0.5t ~ 1.5t，回转半径可达 10m。井架（龙门架）卷扬机的布置应符合下列要求：

（1）当房屋呈长条形，层数、高度相同时，井架（龙门架）的布置位置应处于距房屋两端的水平运输距离大致相等的适中地点，以减少在房屋上面的单程水平运距；也可以布置在施工段分界处、靠现场较宽的一面，以便在井架（龙门架）附近堆放材料或构件，达到缩短运距的目的。

（2）当房屋有高低层分隔时，如果只设置一副井架（龙门架），则应将井架（龙门架）布置在分界处附近的高层部分，以照顾高低层的需要，减少架子的拆装工作。

（3）井架（龙门架）的地面进口，要求道路畅通、运输不受干扰。井架的出口应尽量布置在留有门窗洞口的开间，以减少墙体留槎补洞工作。同时，应考虑井架（龙门架）揽风绳对交通、吊装的影响。

（4）井架（龙门架）与卷扬机的距离应大于或等于房屋的总高，以减小卷扬机操作人员的仰望角度。如图 4-8 所示。

（5）井架（龙门架）与外墙边的距离，以吊篮边靠近脚手架为宜，这样可以减少过道脚手架的搭设工作。

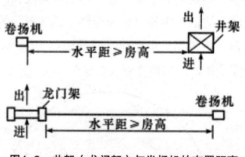

图4-8　井架（龙门架）与卷扬机的布置距离

4.外用施工电梯。外用施工电梯是一种安装于建筑物外部，施工期间用于运送施工人员及建筑器材的垂直运输机械。它是高层建筑施工不可缺少的关键设备之一。在确定外用施工电梯的位置时，应考虑需便于施工人员上下和物料集散；由电梯口至各施工处的平均距离应最近；便于安装附墙装置；接近电源，有良好的夜间照明。

5.混凝土泵和泵车。高层建筑施工中，混凝土的垂直运输量十分大，通常采用泵送方法进行。混凝土泵布置时，宜考虑设置在场地平整、道路畅通、供料方便且距离浇筑地点近，便于配管，排水、供水、供电方便的地方，并且在混凝土泵作用范围内不得有高压线。

（二）搅拌站、加工棚、仓库及各种材料堆场的布置

搅拌站、加工棚、仓库和材料堆场的布置应尽量靠近使用地点或在起重机服务范围内，并考虑到运输和装卸料方便。

1. 搅拌站的布置。

（1）搅拌站应有后台上料的场地，尤其是混凝土搅拌站，要与砂石堆场、水泥库一起考虑布置，既要互相靠近，又要便于这些大宗材料的运输和装卸。

（2）搅拌站应尽可能布置在垂直运输机械附近，以减小混凝土及砂浆的水平运距。当采用塔式起重机方案时，混凝土搅拌机的位置应使吊斗能从其出料口直接卸料并挂钩起吊。

（3）搅拌站应设置在施工道路近旁，使小车、翻斗车运输方便。

（4）搅拌站场地四周应设置排水沟，以利于清洗机械和排除污水，避免造成现场积水。

（5）混凝土搅拌台所需面积约为 $25m^2$，砂浆搅拌台所需面积约为 $15m^2$，冬期施工还应考虑保温与供热设施等，并据此相应增加其面积。

2. 加工棚的布置。木材、钢筋、水电等加工棚宜设置在建筑物四周稍远处，并有相应的材料及成品堆场。石灰及淋灰池可根据具体情况布置在砂浆搅拌机附近。沥青灶应选择较空的场地，远离易燃、易爆品仓库和堆场，并布置在下风向。

3. 仓库及堆场的布置。仓库及堆场的面积应经计算确定，然后再根据各个阶段的施工需要及材料使用的先后顺序进行布置。同一场地可供多种材料或构件使用。仓库及堆场的布置要求如下：

（1）仓库的布置。水泥仓库应选择地势较高、排水方便、靠近搅拌机的地方。各种易燃、易爆品仓库的布置应符合防火、防爆安全距离的要求。木材、钢筋及水、电器材等仓库，应与加工棚结合布置，以便就地取材。

（2）材料堆场的布置。各种主要材料应根据其用量的大小、使用时间的长短、供应及运输情况等研究确定。凡用量较大、使用时间较长、供应及运输较方便的材料，在保证施工进度与连续施工的情况下，均应考虑分期分批进场，以减少堆场或仓库所需面积，达到降低耗损、节约施工费用的目的。应遵循先用先堆、后用后堆的原则。有时在同一地方，还可以先后堆放不同的材料。

钢模板、脚手架等周转材料，应选择在装卸、取用、整理方便和靠近拟建工程的地方布置。基础及底层用砖可根据现场情况，沿拟建工程四周分堆布置，并距基坑、槽边不小于 0.5m，以防止塌方。底层以上的用砖，采用塔式起重机运输时，可布置在服务范围内。砂石应尽可能布置在搅拌机后台附近，石子的堆场应更加靠近搅拌机、并按石子的不同粒径分别放置。

（三）现场运输道路的布置

1. 现场运输道路应按照材料和构件运输的需要，沿着仓库和堆场进行布置。

2. 尽可能利用永久性道路或先做好永久性道路的路基，再在交工之前铺路面。

3. 道路宽度要符合规定，通常单行道应不小于 3m ~ 3.5m，双行道不小于 5.5m ~ 6m。

4. 现场运输道路布置时应保证车辆行驶通畅，并考虑有回转的可能。因此，最好围绕建筑物布置成环形道路，便于运输车辆回转、调头。若无条件布置成一条环形道路，应在适当的地点布置回车场。

5. 道路两侧一般应结合地形设置排水沟，沟深不小于 0.4m，底宽不小于 0.3m。

（四）办公、生活和服务性临时设施的布置

1. 应考虑使用方便，不妨碍施工，符合安全，防火的要求。

2. 通常情况下，办公室的布置应靠近施工现场，宜设在工地出入口处；工人休息室应设在工人作业区；宿舍应布置在安全的上风方向；门卫、收发室宜布置在工地出入口处。

3. 要尽量利用已有设施或已建工程，临时设施必须修建时，要经过计算合理确定面积，努力节约临时设施费用。

（五）施工供水管网的布置

1. 施工用的临时给水管一般由建设单位的干管或自行布置的给水干管接到用水地点。布置时，应力求管网总长度最短。管径的大小和龙头数目的设置需视工程规模大小，通过计算确定。管道可埋于地下，也可铺设在地面上，视当时当地的气候条件和使用期限的长短而定。工地内要设置消火栓，消火栓距离建筑物不应小于 5m，也不应大于 25m，距离路边不大于 2m。条件允许时，可利用城市或建设单位的永久消防设施。

2. 为了防止水的意外中断，可在建筑物附近设置简易蓄水池，储存一定数量的生产和消防用水。如果水压不足，须设置高压水泵。

3. 为便于排除地面水和地下水，要及时修通永久性下水道，并结合现场地形在建筑物四周设置排泄地面水和地下水的沟渠。

（六）施工供电的布置

1. 为了维修方便，施工现场一般采用架空配电线路，且要求现场架空线与施工建筑物水平距离不小于 10m，与地面距离不小于 6m；跨越建筑物或临时设施时，垂直距离不小于 2.5m。

2. 现场线路应尽量架设在道路一侧，且尽量保持线路水平，以免电杆受力不均。在低压线路中，电杆间距应为 25 ~ 40m，分支线及引入线均应由电杆处接出，不得由两杆之间接线。

3.单位工程施工用电,应在全工地施工总平面图中一并考虑。若属于扩建的单位工程,一般计算出在施工期间的用电总数,提供建设单位解决,不另设变压器。只有独立的单位工程施工时,才根据计算出的现场用电量选用变压器。变压器(站)的位置应布置在现场边缘高压线接入处,四周用钢丝网围住、不宜布置在交通要道路口。

五、单位工程施工平面图的绘制

单位工程施工平面图的绘制步骤、要求和方法基本同施工总平面图,在此仅作补充说明。

绘制单位工程施工平面图,应把拟建单位工程放在图的中心位置。图幅一般采用2号~3号图纸,比例为1:200~1:500,常用的是1:200。

必须注意,建筑施工是一个复杂多变的生产过程,各种施工机械、材料、构件等是随着工程的进展而逐渐进场的,而且又随着工程的进展而逐渐变动、消耗。因此,在整个施工过程中,其在工地上的实际布置情况是随时在改变着的。为此,对于大型建筑工程、施工期限较长或施工场地较为狭小的工程,就需要分别按不同施工阶段设计几张施工平面图,以便能把不同施工阶段工地上的合理布置生动、具体地反映出来。在布置各阶段的施工平面图时,对整个施工时期使用的主要道路、水电管线和临时房屋等,不要轻易变动,以节省费用。对较小的建筑物,一般按主要施工阶段的要求来布置施工平面图,同时考虑其他施工阶段如何周转使用施工场地。布置重型工业厂房的施工平面图时,还应该考虑到一般土建工程同其他专业工程的配合问题,以一般土建施工单位为主,会同各专业施工单位,通过协商编制综合施工平面图。在综合施工平面图中,根据各专业工程在各施工阶段中的要求将现场平面合理划分,使专业工程各得其所、具备良好的施工条件,以便各单位根据综合施工平面图布置现场。

六、单位工程施工平面图的评价

单位工程施工平面图主要有以下三个评价指标:

1.施工用地面积及施工占地系数:

施工占地系数=[施工用地面积(m²)/场地面积(m²)]×100%　　　　(4-17)

2.施工场地利用率:

施工场地利用率=[施工设施占用面积(m²)/施工用地面积(m²)]×100%　　(4-18)

3.临时设施投资率:

临时设施投资率=[临时设施费用总和(元)/工程总造价(元)]×100%　　(4-19)

临时设施投资率用于临时设施包干费支出情况。

第五章 建筑工程施工质量管理与控制

第一节 施工质量计划的内容和编制方法

一、质量策划的概念

在 GB/T 19000-ISO 9000 族标准中，质量策划有其特殊的含义。

（一）质量策划是质量管理的一部分

质量管理是指导和控制与质量有关的活动，通常包括质量方针和质量目标的建立、质量策划、质量控制、质量保证和质量改进。显然，质量策划属于"指导"与质量有关的活动，也就是"指导"质量控制、质量保证和质量改进的活动。在质量管理中，质量策划的地位低于质量方针的建立的地位，是设定质量目标的前提，高于质量控制、质量保证和质量改进的地位。质量控制、质量保证和质量改进只有经过质量策划，才可能有明确的对象和目标，才可能有切实的措施和方法。因此，质量策划是质量管理诸多活动中不可或缺的中间环节，是连接质量方针（可能是"虚"的或"软"的质量管理活动）和具体的质量管理活动（常被看作是"实"的或"硬"的工作）之间的桥梁和纽带。

（二）质量策划致力于设定质量目标

质量方针是指导组织前进的方向，而质量目标是这种方向上的某一个点。质量策划就是要根据质量方针的规定，并结合具体情况来确立这"某一个点"。由于质量策划的内容不同、对象不同，因而这"某一个点"也有所不同，但质量策划的首要步骤就是设定质量目标。因此，它与我们平时所说的"计策、计谋和办法"是不同的。

（三）质量策划要为实现质量目标规定必要的作业过程和相关资源

质量目标设定后，如何实现呢？这就需要"干"。所谓"干"，就是作业过程，包括"干"什么，怎样"干"，从哪儿"干"起，到哪儿"干"完，什么时候"干"，由谁去"干"，等等。于是，又涉及相关资源。"干"也好，作业过程也好，都需要人、机（设备）、料（材料、原料）、法（方法和程序）、环（环境条件），这一切就构成了"资源"。质量策划除了设定质量目标，就是要规定这些作业过程和相关资源，才能使被策划的质量控制、质量保证和质量改进得到实施。

（四）质量策划的结果应形成质量计划

通过质量策划，将质量策划设定的质量目标及其规定的作业过程和相关资源用书面形式表示出来，这就是质量计划。因此，编制质量计划的过程，实际上就是质量策划过程的一部分。

二、施工质量计划的内容

按照《质量管理体系基础和术语》（GB/T 19000—2008）标准，质量计划是质量管理体系文件的组成内容。在合同环境下，质量计划是企业向顾客表明质量管理方针、目标及其具体实现的方法、手段和措施的文件，体现企业对质量责任的承诺和实施的具体步骤。

在已经建立质量管理体系的情况下，质量计划的内容必须全面体现和落实企业质量管理体系文件的要求（也可引用质量体系文件中的相关条文）。编制程序、内容和编制依据符合有关规定，同时结合本工程的特点，在质量计划中编写专项管理要求。施工质量计划的基本内容一般应包括：

1. 工程特点及施工条件（合同条件、法规条件和现场条件等）分析。
2. 质量总目标及其分解目标。
3. 质量管理组织机构和职责、人员及资源配置计划。
4. 确定施工工艺与操作方法的技术方案和施工组织方案。
5. 施工材料、设备等物资的质量管理及控制措施。
6. 施工质量检验、检测、试验工作的计划安排及其实施方法与接收准则。
7. 施工质量控制点及其跟踪控制的方式与要求。
8. 质量记录的要求。

三、施工质量计划的编制方法

建设工程项目施工任务的组织，无论业主方采用平行发包还是总分包方式，都将涉及多方参与主体的质量责任。也就是说建筑产品的直接生产过程，是在协同方式下进行的。因此，在工程项目质量控制系统中，要按照谁实施、谁负责的原则，明确施工质量控制的主体构成及其各自的控制范围。

（一）施工质量计划的编制主体

施工质量计划应由自控主体即施工承包企业进行编制。在平行发包方式下，各承包单位应分别编制施工质量计划；在总分包模式下，施工总承包单位应编制总承包工程范围的施工质量计划，各分包单位编制相应分包范围的施工质量计划，作为施工总承包方质量计划的深化和组成部分。施工总承包方有责任对各分包方施工质量计划的编制进行指导和审核，并承担相应施工质量的连带责任。

（二）施工质量计划涵盖的范围

施工质量计划涵盖的范围，按整个工程项目质量控制的要求，应与建筑安装工程施工任务的实施范围相一致，以此保证整个项目建筑安装工程的施工质量总体受控。对具体施工任务承包单位而言，施工质量计划涵盖的范围，应能满足其履行工程承包合同质量责任的要求。建设工程项目的施工质量计划时，应在施工程序、控制组织、控制措施、控制方式等方面，形成一个有机的质量计划系统，确保实现项目质量总目标和各分解目标的控制能力。

第二节　工程质量控制的方法

一、影响质量的主要因素

影响工程质量的因素主要有五个方面，即人（Man）、材料（Material）、机械（Machine）、方法（Method）和环境（Environment），简称为4M1E因素。

（一）人员素质

人员素质是影响工程质量的一个重要因素。人是生产经营活动的主体，也是工程项目建设的决策者、管理者、操作者，工程建设的全过程都是通过人来完成的。因此，建筑行业实行经营资质管理和各类专业从业人员持证上岗制度是保证人员素质的重要管理措施。

（二）工程材料

影响工序质量的材料因素主要是材料的成分、物理性能和化学性能等。材料质量是工程质量的基础。材料质量不符合要求，工程质量就不可能得到保证，所以加强材料的质量控制是提高工程质量的重要保障，也是实现投资控制目标和进度控制目标的前提。在施工过程中，质量检查员必须对已运到施工现场并拟用到永久工程的材料和设备，做好检查工作、确认其质量。建筑材料（包括大堆砂石料及三大材等）、成品、半成品，要建立入场检验制。检验应当有书面记录和专人签字，未经验收检查者或经过检验不合格者均不得使用。检验内容包括对原材料进货、制造加工、组装、中间产品试验、除锈、强度试验、严密性试验、油漆、包装直至完成出厂并具备装运条件的检验。

对工程材料的检查，首先是看其规格、性能是否符合设计要求，其次对其质量通过试验进行抽样检查，不合格的材料不准使用；对设备要坚持开箱检查，看其是否有出厂合格证，其型号和性能是否与设计相符，在运输过程中有无破损，不符合要求的设备不准安装。经试验判定有缺陷的材料或设备在消除缺陷后，要在相同的条件下重新试验，直到质量达到合格标准后方可使用。当设备安装就位后，要进行试车检查或性能测试，达不到要求的设备则以书面形式通知厂方到现场检修或更换。

（三）机械设备

建筑行业的机械设备包括：①组成工程实体及配套的工艺设备和各类机具；②施工过程中使用的各类机具设备。

（四）方法

这里所指的方法控制，包含工程项目整个建设周期内所采用的技术方案、工艺流程、组织措施、检测手段、施工组织设计等的控制。

施工方案正确与否是直接影响工程项目的进度控制、质量控制、投资控制三大目标能否顺利实现的关键，往往会出现由于施工方案考虑不周而拖延进度、影响质量、增加投资的情况。为此，必须结合工程实际，从技术、组织、管理、工艺、操作、经济等方面进行全面分析、综合考虑，力求技术方案可行、经济合理、工艺先进、措施得力、操作方便，有利于提高质量、加快进度、降低成本。

例如在拟订混凝土浇筑方案时，应保证混凝土浇筑连续进行。在浇筑上层混凝土时，下面一层混凝土不致产生初凝现象，否则就不能采用"全面分层"的浇筑方案。此时，则应采取技术措施，采用"全面分层掺缓凝剂"或"全面分层进行二次振捣"的浇筑方案。在这种情况下，对需要缓凝的时间和缓凝剂的掺量，或二次振捣的间隔时间和振动设备的数量，均应进行准确计算，并通过试验调整、确定。

又如，选择施工方案的前提是一定要满足技术的可行性。如液压滑模施工，要求模内混凝土的自重必须大于混凝土与模板间的摩阻力。否则，当混凝土自重不能克服摩阻力时，混凝土必然随着模板的上升而被拉断、拉裂。所以，当剪力墙结构或筒体结构的墙壁过薄、框架结构柱的断面过小时，均不宜采用液压滑模施工。又如，在有地下水、流砂且可能产生管漏现象的地质条件下进行沉井施工时，沉井只能采取连续下沉、水下挖土、水下浇筑混凝土的施工方案。否则，若采取排水下沉施工，则难以解决流砂、地下水和管涌问题；若采取人工降水下沉施工，又可能更不经济。

总之，方法是实现工程建设的重要手段，无论方案的制订、工艺的设计、施工组织设计的编制、施工顺序的开展和操作要求等，都必须以确保质量为目的，并严加控制。

（五）环境条件

环境条件是指对工程质量特性起重要作用的环境因素，包括：

1. 工程技术环境：工程地质、水文、气象等。
2. 工程作业环境：施工作业面大小、防护设施、通风照明、通信条件等。
3. 工程管理环境：合同结构与管理关系的确定、组织体制与管理制度等。
4. 周边环境：工程临近的地下管线、建筑物等。

二、施工准备阶段的质量控制

施工准备阶段的质量控制是指项目正式施工活动开始前，对各项准备工作及影响质量的各因素和有关方面进行的质量控制，是为保证施工生产正常进行而必须事先做好的工作，故亦称为事前控制。

施工准备工作不仅是在工程开工前要做好，而且贯穿于整个施工过程。施工准备的基本任务就是为施工项目建立一切必要的施工条件，以确保施工生产顺利进行，确保工程质量符合要求。

施工前做好质量控制工作对保证工程质量具有很重要的意义。它包括审查施工队伍的技术资质，采购和审核对工程有重大影响的施工机械、设备等。质检员在本阶段的主要职责有以下3个方面。

（一）建立质量控制系统

建立质量控制系统的目的是：制定本项目的现场质量管理制度，包括现场会议制度、现场质量检验制度、质量统计报表制度、质量事故报告处理制度、质量统计报表制度、质量事故报告处理制度，完善计量及质量检测技术和手段；协助分包单位完善其现场质量管理制度，并组织整个工程项目的质量保证活动。俗话说"没有规矩不成方圆"，建章立制是保证工程质量的前提，也是质检员的首要任务。

（二）进行质量检查与控制

进行质量检查与控制即对工程项目施工所需的原材料、半成品、构配件进行质量检查与控制。重要的预订货应先提交样品，经质检员检查认可后方进行采购。凡进场的原材料均应有产品合格证或技术说明书。通过一系列检验手段，将所取得的数据与厂商所提供的技术证明文件相对照，及时发现材料（半成品、构配件）质量是否满足工程项目的质量要求。一旦发现不能满足工程质量的要求的货品，应立即重新购买、更换，以保证所采用的材料（半成品、构配件）的质量可靠性。同时，质检员将检验结果反馈给厂商，使之掌握有关的质量情况。此外，根据工程材料（半成品、构配件）的用途、来源及质量保证资料的具体情况，质检员可决定质量检验工作的深度，如免检、抽检或全部检查。

（三）组织或参与组织图纸会审

1. 组织图纸审查

（1）规模大、结构特殊或技术复杂的工程由公司总工程师在项目质检员的配合下组织分包技术人员，采用技术会议的形式进行图纸审查。

（2）企业列为重点的工程，由工程处主任工程师组织有关技术人员进行图纸审查，并由项目质检员配合。

（3）一般工程由项目质检员组织技术队长、工长、翻样师傅等进行图纸审查。

2. 图纸会审程序

在图纸会审以前，质检员必须组织技术队长或主任工程师、分项工程负责人（工长）及预算人员等学习正式施工图，熟悉图纸内容、要求和特点，并由设计单位进行设计交底，以达到明确要求、彻底弄清设计意图、发现问题、消灭差错的目的。图纸审查包括学习、初审、会审和综合会审四个阶段。

3. 图纸会审重点

图纸会审应以保证建筑物的质量为出发点，对图纸中有关影响建筑性能、寿命、安全、可靠性、经济等的问题提出修改意见。会审重点如下：

（1）设计单位技术等级证书及营业执照。

（2）对照图纸目录，清点新绘图纸的张数及利用标准图的册数。

（3）建设场地地质勘查察资料是否齐全。

（4）设计假定条件和采用的处理方法是否符合实际情况。

（5）地基处理和基础设计有无问题。

（6）建筑、结构、设备安装之间有无矛盾。

（7）专业图之间、专业图内各图之间、图与统计表之间的规格、强度等级、材质、数量、坐标、标高等重要数据是否一致。

（8）实现新技术项目、特殊工程、复杂设备的技术可能性和必要性，审查是否有保证工程质量的技术措施。

图纸会审后，应由组织会审的单位详细记录会审中提出的问题以及解决办法，并写成正式文件、列入工程档案。

三、施工过程中的质量控制

施工过程中进行质量控制称为事中控制。事中控制是施工单位控制工程质量的重点，其任务也很繁重。质检员在本阶段的主要工作职责是：

1. 完善工序质量控制、建立质量控制点

完善工序质量控制、建立质量控制点在于把影响工序质量的因素都纳入管理范围。

（1）工序质量控制

1）工序质量控制的内容。施工过程质量控制强度以科学方法来提高人的工作质量，以保证工序质量，并通过工序质量来保证工程项目实体的质量。

2）工序质量控制的实施要则。工序质量控制的实施是一件很繁杂的事情，关键是应抓住主要矛盾和技术关键，依靠组织制度及职责划分，完成工序活动的质量控制。一般来说，要掌握如下的实施要则：确定工序质量控制计划，对工序活动实行动态跟踪控制，加强对工序活动条件的主要控制。

（2）质量控制点

在施工生产现场中，对需要重点控制的质量特性、工程关键部位或质量薄弱环节，在一定的时期内，一定条件下强化管理，使工序处于良好的控制状态，这称为"质量控制点"。建立质量控制点的作用，在于强化工序质量管理控制、防止和减少质量问题的发生。

2. 组织参与技术交底和技术复核

技术交底与复核制度是施工阶段技术管理制度的一部分，也是工程质量控制的经常性任务。

（1）技术交底的内容

技术交底是参与施工的人员在施工前了解设计与施工的技术要求，以便科学地组织施工，按合理的工序、工艺进行作业的重要制度。在单位工程、分部工程、分项工程正式施工前，都必须认真做好技术交底工作。技术交底的内容根据不同层次有所不同，主要包括施工图纸、施工组织设计、施工工艺、技术安全措施、规范要求、操作规程、质量标准要求等。对于重点工程、特殊工程，采用新结构、新工艺、新材料、新技术的特殊要求，更需详细地交代清楚。分项工程技术交底后，一般应填写施工技术交底记录。施工现场技术交底的重要内容有以下几点：

1）提出图纸上必须注意的尺寸，如轴线、标高、预留孔洞、预埋铁件和镶入构件的位置、规格、大小、数量等。

2）所用各种材料的品种、规格、等级及质量要求。

3）混凝土、砂浆、防水、保温、耐火、耐酸和防腐蚀材料等的配合比和技术要求。

4）有关工程的详细施工方法、程序，工种之间、土建与各专业单位之间的交叉配合部位，工序搭接及安全操作要求。

5）设计修改、变更的具体内容或应注意的关键部位。

6）结构吊装机械及设备的性能、构件重量、吊点位置、索具规格尺寸、吊装顺序、节点焊接及支撑系统等。

（2）技术复核

技术复核的目的：一方面是在分项工程施工前指导，帮助施工人员正确掌握技术要求；另一方面是在施工过程中再次督促检查施工人员是否已按施工图纸、技术交底及技术操作规程施工，以避免发生重大差错。

3. 严格工序间交换检查作业

严格工序间交换检查主要作业工序包括隐蔽作业应按有关验收规定的要求由质检员检查并签字验收。隐蔽验收记录是今后各项建筑安装工程的合理使用、维护、改造扩建的一项重要技术资料，必须归入工程技术档案。

4. 认真分析质量统计数据，为项目经理决策提供依据

做好施工过程记录，认真分析质量统计数据，对工程的质量水平及合格率、优良品率的变化趋势做出预测供项目经理决策；对不符合质量要求的施工操作应及时纠偏，加以处理，并提出相应的报告。

四、施工阶段的质量控制（方法）

建设工程项目施工是由一系列相互关联、相互制约的作业过程（工序）构成的，因此施工质量控制，必须对全部作业过程，即各道工序的作业质量进行控制。从项目管理的立场看，工序作业质量的控制，首先是质量生产者即作业者的自控，在施工生产要素合格的条件下，作业者能力及其发挥的状况是决定作业质量的关键；其次，是来自作业者外部的各种作业质量检查、验收和对质量行为的监督，这也是不可缺少的设防和把关的管理措施。

工序是人、材料、机械设备、施工方法和环境因素对工程质量综合起作用的过程，所以对施工过程的质量控制，必须以工序作业质量控制为基础和核心。因此，工序的质量控制是施工阶段质量控制的重点。只有严格控制工序质量，才能保证施工项目的实体质量。

工序施工质量控制主要包括工序施工条件质量控制和工序施工效果质量控制。

（一）工序施工条件控制

工序施工条件是指从事工序活动的各生产要素质量及生产环境条件。工序施工条件控制就是控制工序活动的各种投入要素质量和环境条件质量。控制的手段主要有：检查、测试、试验、跟踪监督等。控制的依据主要是：设计质量标准、材料质量标准、机械设备技术性能标准、施工工艺标准以及操作规程等。

（二）工序施工效果控制

工序施工效果主要反映工序产品的质量特征和特性指标。对工序施工效果的控制就是控制工序产品的质量特征和特性指标能否达到设计质量标准以及施工质量验收标准的要求。工序施工效果控制属于事后质量控制。其控制的主要途径是：实测获取数据、统计分

析所获取的数据、判断认定质量等级和纠正质量偏差。

按有关施工验收规范规定，下列工序质量必须进行现场质量检测，合格后才能进行下道工序。

1. 地基基础工程

（1）地基及复合地基承载力静载检测。

对于地基基础设计等级为甲级或地质条件复杂、成桩质量可靠性低的灌注桩，应采用静载荷试验的方法进行检验，检验桩数应不少于总数的 10%，且应不少于 3 根。

（2）桩的承载力检测。

设计等级为甲级、乙级的桩基或地质条件复杂，桩施工质量可靠性低，本地区采用的新桩型或新工艺的桩基应进行桩的承载力检测。检测数量在同一条件下应不少于 3 根，且不宜少于总桩数的 1%。

（3）桩身完整性检测。

根据设计要求，检测桩身缺陷及其位置，判定桩身完整性类别，采用低应变法；判定单桩竖向抗压承载力是否满足设计要求，分析桩侧和桩端阻力，采用高应变法。

2. 主体结构工程

（1）混凝土、砂浆、砌体强度现场检测检测同一强度等级同条件养护的试块强度，以此检测结果代表工程实体的结构强度。

混凝土：按统计方法评定混凝土强度的基本条件时，同一强度等级的同条件养护试件的留置数量不宜少于 10 组，按非统计方法评定混凝土强度时，留置数量不应少于 3 组。

砂浆抽检数量：每一检验批且不超过 250 m³ 的砌体的各种类型及强度等级的砌筑砂浆，每台搅拌机应至少抽检一次。

砌体：普通砖 15 万块、多孔砖 5 万块、灰砂砖及粉灰砖 10 万块各为一检验批，抽检数量为一组。

（2）钢筋保护层厚度检测。

钢筋保护层厚度检测的结构部位，应由监理（建设）、施工等各方根据结构构件的重要性共同选定。对梁类、板类构件，应各抽取构件数量的 2% 且不少于 5 个构件进行检验。

（3）混凝土预制构件结构性能检测。

对成批生产的构件，应按同一工艺正常生产的不超过 1000 件且不超过 3 个月的同类型产品为一批。在每批中应随机抽取一个构件作为试件进行检验。

3. 建筑幕墙工程

（1）铝塑复合板的剥离强度检测。

（2）对于石材的弯曲强度，室内用花岗石的放射性检测。

（3）玻璃幕墙用结构胶的邵氏硬度、标准条件拉伸黏结强度、相容性试验，石材用结构胶结强度及石材用密封胶的污染性检测。

（4）建筑幕墙的气密性、水密性、风压变形性能、层间变位性能检测。

（5）硅酮结构胶相容性检测。

4.钢结构及管道工程

（1）钢结构及钢管焊接质量无损检测：对有无损检验要求的焊缝，竣工图上应标明焊缝编号、无损检验方法、局部无损检验焊缝的位置、底片编号、热处理焊缝位置及编号、焊缝补焊位置及施焊焊工代号；焊缝施焊记录及检查、检验记录应符合相关标准的规定。

（2）钢结构、钢管防腐及防火涂装检测。

（3）钢结构节点、机械连接用紧固标准件及高强度螺栓力学性能检测。

五、设置施工质量控制点的原则和方法

质量控制点是指为了保证作业过程质量而确定的重点控制对象、关键部位或薄弱环节。设置质量控制点是保证达到施工质量要求的必要前提。设置质量控制点，是对质量进行预控的有效措施。因此，在拟定质量检查工作规划时，应根据工程特点，视其重要性、复杂性、精确性、质量标准和要求，全面地、合理地选择质量控制点。

（一）选择质量控制点的一般原则

质量控制点的涉及面广，既可能是结构复杂的某一项工程项目，也可能是技术要求高、施工难度大的某一结构或分项、分部工程，还可能是影响质量的关键的某一环节。总之，操作、工序、材料、机械、施工顺序、技术参数、自然条件、工程环境等，均可作为质量控制点来设置，具体设置应视其对质量特征影响的大小及危害程度而定。质量控制点一般应包括以下内容：

1.施工过程中的关键工序或环节以及隐蔽工程，例如预应力结构的张拉工序，钢筋混凝土结构中的钢筋架立等。

2.施工中的薄弱环节，或质量不稳定的工序、部位或对象，例如地下防水层施工等。

3.对后续工程施工或对后续工序质量或安全有重大影响的工序、部位或对象，例如预应力结构中的预应力钢筋质量、模板的支撑与固定等。

4.采用新技术、新工艺、新材料的部位或环节。

5.施工上无足够把握的、施工条件困难的或技术难度大的工序或环节，例如复杂曲线模板的放样等。

是否设置为质量控制点，主要视其对质量特性影响的大小、危害程度以及其质量保证的难度大小而定。

（二）设置施工质量控制点的方法

质量控制点的设置应根据工程性质和特点来确定。表 5-1 列举了部分建筑工程的质量控制点，可供参考。

表5-1 质量控制点的设置

分项工程	质量控制点
测量	标准轴线桩、水平桩、定位轴线、标高
地基、基础（含设备基础）	基（槽）坑开挖的位置、轮廓尺寸、标高、土质、地基耐压力，基础垫层标高，基础位置、尺寸、标高，预留沿孔预埋件的位置、规格、数量，基础墙皮数及标高、杯底弹线，岩石地基钻爆过程中的孔深、装药量、起爆方式、开挖清理后的建基面，断层、破碎、软弱夹层、岩溶的处理，渗水的处理
砌体	砌体轴线、皮数杆，砂浆配合比、强度，预留孔洞、预埋件位置、数量、砌体排列，砌筑体位置、轮廓尺寸、石块大小、强度表面顺直度，砌筑工艺、砌体密实度，砌石厚度、空隙率
模板	模板位置、尺寸、标高、强度、刚度、平整度、稳定性，预埋件埋设位置、型号、规格、安装稳定性、保护措施，预留孔洞尺寸、位置，模板强度及稳定性，模板内部清理及润湿情况
钢筋混凝土	水泥品种、等级，砂石质量、含水量，混凝土配合比，外加剂比例，混凝土拌合时间、坍落度，钢筋品种、规格、尺寸、搭接长度、钢筋焊接，预留洞、孔及预埋件规格、数量、尺寸、位置，预制构件吊装或出厂强度，吊装位置、标高、支撑长度、焊缝长度，混凝土振捣、浇筑厚度、浇筑间歇时间、积水和泌水情况、养护，表面平整度、麻面、蜂窝、露筋、裂缝，混凝土密实性、强度
吊装	吊装设备起重能力、吊具、索具、地锚
钢结构	翻样图、放大样
路基填方	土料的颗粒含量、含水量，砾质土的粗粒含量、最大粒径，石料的粒径、级配、坚硬度，渗水料与非渗水料结合部位的处理，填筑体的位置、轮廓尺寸、铺土厚度、铺填边线，土层接面处理，土料碾压，压实度检测
焊接	焊接条件、焊接工艺
装饰	视具体情况而定

第三节 施工试验的内容、方法和判定标准

一、浆、混凝土的试验内容、方法和判定标准

（一）砌筑砂浆的抽样方法及检验要求

1.砌筑砂浆的抽样方法

取样数量：以不超过250 m³ 砌体的各种类型与各种强度等级的砌筑砂浆为一检验批，

同一检验批中每台搅拌机应至少检查 1 次。每次至少制作 1 组试块，每组不少于 6 块。同一类型强度等级的砂浆试块应不少于 3 组。

取样方法：在砂浆搅拌机出料口随机取样制作砂浆试块，且要注意同盘砂浆只应制作一组试块，不可一次制作多组试块。

2. 砌筑砂浆检验要求

同一检验批砂浆试块的抗压强度平均值必须大于或等于设计强度等级所对应的立方体抗压强度，同一检验批砂浆试块的抗压强度最小一组的平均值必须大于或等于设计强度等级所对应的立方体抗压强度的 0.75 倍。当试块缺乏代表性或对试验结果有争议或结果不能满足设计要求时，可采取现场检验方法对砂浆试块和砌体的强度进行原位检测或取样检验，从而判定其强度。

（二）混凝土的抽样方法及检验要求

混凝土拌制前，应测定砂、石含水率并根据测试结果调整材料用量，提出施工配合比通知单。

检查数量：每工作班检查一次。

在拌制和浇筑过程中，应检查组成材料的称量偏差，每一工作班不应少于一次抽查；坍落度的检查在浇筑地点进行，每一工作台班至少检查两次；在第一工作台班内，若混凝土配合比由于外界影响而有变动时，应及时检查；对混凝土的搅拌时间应随时检查。

1. 混凝土强度的抽样方法

用于检查结构构件混凝土强度的试件，应在混凝土的浇筑地点随机抽取。取样和试件留置应符合下列几个规定：

（1）每拌制 100 盘且不超过 100 m^3 的同配合比的混凝土，取样不得少于一次。

（2）每工作班拌制的同一配合比的混凝土不足 100 盘时，取样不得少于一次。

（3）当一次连续浇筑超过 1 000 m^3 时，同一配合比的混凝土每 200 m^3 取样不得少于一次。

（4）每一楼层、同一配合比的混凝土，取样不得少于一次。

（5）每次取样应至少留置一组标准养护试件，同条件养护试件的留置组数应根据实际需要确定。

对有抗渗要求的混凝土结构，其混凝土试件应在浇筑地点随机取样。同一工程、同一配合比的混凝土，取样应不少于一次，留置组数则按连续浇筑混凝土每 500 m^3 留一组原则，每组不少于 6 个试件，且每项工程不得少于两组。采用预拌混凝土的可根据实际需要进行确定。

2. 混凝土强度的检验要求

混凝土强度的合格评定应根据《混凝土强度检验评定标准》（GB 50107—2010）来进

行，其评定方法有统计方法和非统计方法两种。前者适用于预拌混凝土厂、预制混凝土构件厂和采用现场集中搅拌混凝土的施工单位；后者适用于零星生产的预制构件厂或现场搅拌批量不大的混凝土。根据混凝土生产情况要求，其强度应按相应的统计方法进行合格性判定。当检验结果能满足上述标准的规定时，则该批混凝土强度判定为合格；当检验结果不能满足上述标准的规定时，则该批混凝土强度判定为不合格。

二、钢材及其连接的试验内容、方法和判定标准

（一）钢筋（原材料、连接）的抽样方法及检验要求

1.钢筋原材料的抽样方法及检验要求

（1）热轧钢筋的抽样方法及检验要求。

抽样方法：按同牌号、同炉罐号、同规格、同交货状态且质量不大于60 t为一个检验批。对质量不大于30t的冶炼炉冶炼的钢锭和连续坯轧制的钢筋，允许由同牌号、同冶炼方法、同浇注方法的不同炉罐号的钢筋组成一个混合批，但每批不多于6个炉罐号。

取样数量：外观检查从每批钢筋中抽取5%进行。力学性能试验从每批钢筋中任选两根钢筋，每根取两个试件分别进行拉伸试验（包括屈服点、抗拉强度和伸长率）和冷弯试验。

取样方法：力学性能试验取样时，应在钢筋的任意一端切去500 mm，然后截取试件。拉伸试件的长度为l=5d+（250 ~ 300）mm，弯曲试件的长度为l=5d+150 mm，其中d为钢筋直径。

检验要求：进场的钢筋应在每捆（盘）上都挂有两个标牌（注明生产厂家、生产日期、钢号、炉罐号、钢筋级别、直径等），还应附有质量证明书、产品合格证及出厂试验报告，且应进行复检。

外观检查：钢筋表面不得有裂纹、结疤和折叠；钢筋表面允许有凸块，但其高度不得超过横肋的高度，钢筋表面上其他缺陷的深度或高度也不得大于所在部位尺寸的允许偏差；钢筋每米长度内弯曲度应不大于4 mm。

力学性能试验：如有任意一项试验结果不符合要求，则从同一批中另取双倍数量的试件重做各项试验；如仍有一个试件为不合格品，则该批钢筋为不合格点。

热轧钢筋在加工过程中若发现脆断、焊接性能不良或机械性能显著不正常等现象时，应进行化学成分分析或其他专项检验。

（2）冷轧扭钢筋的抽样方法及检验要求。

抽样方法：冷轧扭钢筋的检验批应由同一牌号、同一规格尺寸、同一台轧机生产、同一台班的钢筋组成，每批质量不大于10 t，不足10 t的也按一批计。

取样数量：冷轧扭钢筋的试件在同一检验批钢筋中随机抽取。拉伸试验，每批抽取两个试件；冷弯试验，每批抽取一个试件；其他项目如轧扁厚度、节距、质量、外观等视情

况决定。

取样方法：取样部位应距钢筋端部不小于 500 mm；试件长度宜取偶数倍节距，且应不小于 4 倍节距，同时不小于 500 mm。

判定规则：

①当全部检验项目均符合《冷轧扭钢筋》（GJG 190—2006）规定，则该批钢筋判定为合格。

②当检验项目中有一项检验结果不符合《冷轧扭钢筋》（GJG 190—2006）有关条文要求，则应从同一批钢筋中重新加倍随机取样，对不合格项目进行复检。若试样复检后合格，该批钢筋可判定为合格，否则根据不同项目按下列规则判定。

a. 当抗拉强度、拉伸、冷弯试验不合格，或重量负偏差大于 5% 时，该批钢筋判定为不合格。

b. 当仅轧扁厚度小于或节距大于标准规定，仍可判定为合格，但需降直径规格使用。

2. 钢筋连接的抽样方法及检验要求

钢筋焊接方法有电阻点焊、闪光对焊、电弧焊（双面帮条焊、单面帮条焊、双面搭接焊、单面搭接焊、熔槽帮条焊、坡口焊、窄间隙焊）、电渣压力焊、气压焊、预埋件电弧焊、预埋件埋弧压力焊等。

钢筋焊接接头或焊接制品应按检验批进行质量检验与验收，并划分为主控项目和一般项目两类。质量检验时，应包括外观检查和力学性能检验。

纵向受力钢筋焊接接头，包括闪光对焊接头、电弧焊接头、电渣压力焊接头、气压焊接头。接头的连接方式检查和接头的力学性能检验规定为主控项目。非纵向受力钢筋焊接接头，包括交叉钢筋电阻点焊焊点、封闭环式箍筋闪光对焊接头、钢筋与钢板电弧搭接接头、预埋件钢筋电弧焊接头、预埋件钢筋埋弧压力焊接头的质量检验与验收。其规定为一般项目。

（1）钢筋闪光对接焊连接的抽样方法及检验要求。

抽样方法：在同一台班内，由同一焊工、按同一焊接参数焊接完成的 200 个同级别、同直径钢筋焊接接头作为一批。若同一台班内焊接的接头数量较少，可在一周之内累计计算。若累计仍不足 200 个接头，则也按一批计算。

取样数量：接头外观检查，每批抽查 10%，并不少于 10 个。力学性能检验时，应从每批接头中随机切取 6 个试件，其中 3 个做拉伸试验，3 个做弯曲试验。

检验要求：接头外观应有适当的锻粗和均匀的金属毛刺；钢筋表面无横向裂纹，无明显烧伤；接头处弯折不得大于 4°，接头处钢筋轴线的偏移不得大于 0.1d 且不大于 2 mm。当有一个接头不符合要求时，应对全部接头进行检查。不合格接头经切除重焊后，可提交进行二次验收。

对焊接头的抗拉强度均不得低于该级别钢筋的标准抗拉强度，且断裂位置应在焊缝每侧 20 mm 以外，并呈塑性断裂；当有一个试件的抗拉强度低于规定指标，或有两个试件在焊缝处或热影响区发生脆性断裂时，应取双倍数量的试件进行复检。复检结果中，若仍有一个试件的抗拉强度低于规定指标或有 3 个试件呈脆性断裂，则该批接头即为不合格品。

冷弯试验时，弯心直径取 3d ~ 4d，弯 180° 后接头外侧不得出现宽度大于 0.15 mm 的横向裂纹。试验结果中有 2 个试件发生破断时，应取双倍数量的试件进行复检。复检结果中，若仍有 3 个试件发生破断，则该批接头为不合格品。

（2）钢筋电弧焊连接的抽样方法及检验要求。

抽样方法：在工厂焊接条件下，以 300 个同类型接头（同钢筋级别、同接头形式）为一批。在现场安装条件下，每一楼层中以 300 个同类型接头（同钢筋级别、同接头形式、同焊接位置）作为一批；不足 300 个时，仍作为一批。

取样数量：外观检查时，应在接头清渣后逐个进行。强度检验时，从成品中每批切取 3 个接头进行拉伸试验。

检验要求：钢筋电弧焊接头外观检查结果，应符合下列要求：

①焊缝表面平整，不得有较大的凹陷、焊瘤。

②接头处不得有裂纹。

③咬边深度、气孔、夹渣的数量和大小，以及接头尺寸偏差规定的数值。

④坡口焊及熔槽帮条焊接头，其焊缝加强高度为 2 ~ 3 mm。

对于外观检查不合格的接头，经修整或补强后，可提交二次验收。

钢筋电弧焊接头拉伸试验结果应符合下列要求：

①三个试件的抗拉强度均不得低于该级别钢筋的规定抗拉强度值。

②至少有两个试件呈塑性断裂。

当检验结果有一个试件的抗拉强度低于规定指标，或有两个试件发生脆性断裂时，应取双倍数量的试件进行复验；复验结果若仍有一个试件的抗拉强度低于规定指标，或有 3 个试件呈脆性断裂时，则该批接头即为不合格品。

（3）钢筋电渣压力焊连接的抽样方法及检验要求。

抽样方法：钢筋电渣压力焊接头应逐个进行外观检查。强度检验时，从每批成品中切取 3 个试件进行拉伸试验。

①在一般构筑物中，每 300 个同类型接头（同钢筋级别、同钢筋直径）作为一批。

②在现浇钢筋混凝土框架结构中，每一楼层中以 300 个同类型接头作为一批；不足 300 个时，仍作为一批。

钢筋电渣压力焊接头外观检查结果应符合下列要求：

①接头焊包均匀，不得有裂纹；钢筋表面无明显烧伤等缺陷。

②接头处钢筋轴线的偏移不得超过 0.1 倍钢筋直径，同时不得大于 2 mm。

③接头处弯折不得大于 4°。

对外观检查不合格的接头，应将其切除重焊。

钢筋电渣压力焊接头拉伸试验结果，三个试件均不得低于该级别钢筋规定的抗拉强度值。若有一个试件的抗拉强度低于规定数值，应取双倍数量的试件进行复验；复验结果若仍有一个试件的强度达不到上述要求，该批接头即为不合格品。

（4）钢筋机械连接的抽样方法及检验要求。

抽样方法：同一施工条件下的同一批材料的同等级、同规格接头，以500个作为一个检验批进行检验与验收，不足500个也作为一个检验批。

取样数量：外观检查，每批随机抽取同规格接头数的10%进行；单向拉伸试验，每一检验批应在工程结构中随机截取3个试件进行，且在现场应连续检验10个检验批，全部单向拉伸试件一次抽样均合格时，检验批的接头数量可扩大一倍；接头拧紧力矩值抽检，梁、柱构件按接头数的15%抽检，且每个构件的接头抽检数不得少于1，基础、墙、板构件按各自接头进行，每100个接头作为一个检验批，不足100个也作为一个检验批，每批抽检3个接头。

检验要求：外观检查时应使钢筋与连接套的规格一致，接头丝扣无完整丝扣外露；单向拉伸试验应满足设计要求；接头拧紧力矩值抽检的接头应全部合格，如有一个接头不合格，则应对该检验批接头逐个检查，对查出的不合格接头应进行补强，并填写接头质量检查记录。

三、土工及桩基的试验内容、方法和判定标准

（一）土工试验

1. 执行标准

《地基与基础工程施工质量验收规范》（GB 50202—2002）；

《土方与爆破工程施工及验收规范》（GB 50201—2012）；

《土工试验方法标准》（GB/T 50123—1999）。

2. 检验项目

常规检测项目包括：密度、压实度和含水量。

3. 取样方法

（1）环刀法

每段每层进行检验，应在夯实层的下半部（至每层表面以下的三分之二处）取样。

（2）灌砂法

数量可较环刀法适当减少，取样部位应为每层压实后的全部深度。

（3）取样数量

柱基：抽检柱基的10%，但不少于5组；

基槽管沟：每层按长度 20 ~ 50 m 取一组，但不少于 1 组；

基坑：每层 100 ~ 500 m² 取一组，但不少于 1 组；

填方：每层 100 ~ 500 m² 取一组，但不少于 1 组；

场地平整：每层 400 ~ 900 m² 取一组，但不少于 1 组；

排水沟：每层长度 20 ~ 50 m 取一组，但不少于 1 组；

地路面基层：每层 100 ~ 500 m² 取一组，但不少于 1 组。

4. 处理程序

（1）填土的实际干密度应不小于实际规定控制的干密度。当实测填土的实际干密度小于设计规定控制的干密度时，该填土密实度判为不合格。及时查明原因后，采取有效的技术措施进行处理，然后再对处理好后的填土重新进行干密度检验，直到判为合格为止。

（2）填土没有达到最优含水量时，即当检测填土的实际含水量没有达到该填土土类的最优含水量时，可事先向松散的填土均匀洒适量水，使其含水量接近最优含水量后，再加振、压、夯实，重新用环刀法取样，检测新的实际干密度，务必使实际干密度不小于设计规定控制的干密度。

（3）当填土含水量超过该填料最优含水量时，尤其是用黏性土回填，当含水量超过最优含水量再进行振、压、夯实时，易形成橡皮土，这就需要在采取如下技术措施后，还必须使该填料的实际干密度不小于设计规定控制的干密度：

①开槽晾干。

②均匀地向松散填土内掺入同类干性黏土或刚化开的熟石灰粉。

③当工程量不大，而且已夯压成"橡皮土"，则可采取"换填法"，即挖去已形成的"橡皮土"后，填入新的符合填土要求的填料。

④对黏性土填土的密实措施中，决不允许采用灌水法。因黏性土被水浸后，其含水量超过黏性土的最优含水量，在进行压、夯实时，易形成"橡皮土"。

（4）换填法用砂（或砂石）垫层分层回填时。

每层施工中，应按规定用环刀现场取样，并检测和计算出测试点砂样的实际干密度。

当实际干密度未达到设计要求或事先由实验室按现场砂样测算出的控制干密度值时，应及时通知现场，在该取样处所属的范围进行重新振、压、夯实；当含水量不够时（即没达到最优含水量），应均匀地洒水后再进行振、压、夯实。

经再次振压实后，还需在该处范围内重新用环刀取样检测，务必使新检测的实际干密度达到规定要求。

四、屋面及防水工程的施工试验内容、方法和判定标准

防水工程应按《地下防水工程质量及验收规范》（GB 50208—2011）、《屋面工程质

量验收规范》（GB 50207—2012）等规范进行检查与验收。

（一）防水工程施工前检查与检验

1. 材料

所用卷材及其配套材料、防水涂料和胎体增强材料、刚性防水材料、聚乙烯丙纶及其黏结材料等材料的出厂合格证、质量检验报告和现场抽样复验报告（查证明和报告，主要是查材料的品种、规格、性能等），卷材与配套材料的相容性、配合比等均应符合设计要求和国家现行有关标准规定。

防水混凝土原材料（包括掺合料、外加剂）的出厂合格证、质量检验报告、现场抽样试验报告、配合比、计量、坍落度。

2. 人员

分包队伍的施工资质、作业人员的上岗证。

（二）防水工程施工过程检查与检验

1. 地下防水工程

防水层基层状况（包括干燥、干净、平整度、转角圆弧等）、卷材铺贴（胎体增强材料铺设）的方向及顺序、附加层、搭接长度及搭接缝位置、转角处、变形缝、穿墙管道等细部做法。

防水混凝土模板及支撑、混凝土的浇筑（包括方案、搅拌、运输、浇筑、振捣、抹压等）和养护、施工缝或后浇带及预埋件（套管）的处理、止水带（条）等的预埋、试块的制作和养护、防水混凝土的抗压强度和抗渗性能试验报告、隐蔽工程验收记录、质量缺陷情况和处理记录等是否符合设计和规范要求。

2. 屋面防水工程

基层状况（包括干燥、干净、坡度、平整度、分格缝、转角圆弧等）、卷材铺贴（胎体增强材料铺设）的方向及顺序、附加层、搭接长度及搭接缝位置、泛水的高度、女儿墙压顶的坡向及坡度、玛脂试验报告单、细部构造处理、排气孔设置、防水保护层、缺陷情况、隐蔽工程验收记录等是否符合设计和规范要求。

3. 厨房、厕浴间防水工程

基层状况（包括干燥、干净、坡度、平整度、转角圆弧等）、涂膜的方向及顺序、附加层、涂膜厚度、防水的高度、管根处理、防水保护层、缺陷情况、隐蔽工程验收记录等是否符合设计和规范要求。

（三）防水工程施工完成后的检查与检验

1. 地下防水工程

检查标识好的"背水内表面的结构工程展开图"，核对地下防水渗漏情况，检验地下防水工程整体施工质量是否符合要求。

2.屋面防水工程

防水层完工后，应在雨后或持续淋水 2 h 后，对于有可能作蓄水检验的屋面，其蓄水时间不应少于 24 h，检查屋面有无渗漏、积水和排水系统是否畅通，施工质量符合要求方可进行防水层验收。

五、房屋结构的实体检测的内容、方法和判定标准

（一）主体结构包括的内容

主体结构主要包括混凝土结构、劲钢（管）混凝土结构、砌体结构、钢结构、木结构、网架及索膜结构等子分部工程，详见表 5-2。

表5-2　主体结构工程一览表

序号	子分部工程名称	分项工程
1	混凝土结构	模板、钢筋、混凝土、预应力、现浇结构、装配式结构
2	劲钢（管）混凝土结构	劲钢（管）焊接、螺栓连接、劲钢（管）与钢筋的连接，劲钢（管）制作、安装，混凝土
3	砌体结构	砖砌体，混凝土小型空心砌块砌体，石砌体，填充墙砌体，配筋砖砌体
4	钢结构	钢结构焊接，紧固件连接，钢零部件加工，单层钢结构安装，多层及高层钢结构安装，钢结构涂装、钢构件组装，钢构件预拼装，钢网架结构安装，压型金属板
5	木结构	方木和原木结构、胶合木结构、轻型木结构、木构件防护
6	网架和索膜结构	网架制作、网架安装、索膜安装、网架防火、防腐涂料

（二）主体结构验收所需条件

1.工程实体

（1）主体分部验收前，墙面上的施工孔洞须按规定镶堵密实，并作隐蔽工程验收记录。未经验收不得进行装饰装修工程的施工。对确需分阶段进行主体分部工程质量验收时，建设单位项目负责人在质监交底上向质监人员提出书面申请，并经质监站同意。

（2）混凝土结构工程模板应拆除并清理干净其表面，混凝土结构存在缺陷处应整改完成。

（3）楼层标高控制线应清楚弹出墨线，并做醒目标志。

（4）工程技术资料存在的问题均已悉数整改完成。

（5）施工合同、设计文件规定和工程洽商所包括的主体分部工程施工的内容已完成。

（6）安装工程中各类管道预埋结束，位置尺寸准确，相应测试工作已完成，其结果

符合规定要求。

（7）主体分部工程验收前，可完成样板间或样板单元的室内粉刷。

（8）主体分部工程施工中，质监站发出整改（停工）通知书要求整改的质量问题都已整改完成，完成报告书已送质监站归档。

2. 工程资料

（1）施工单位在主体工程完工之后对工程进行自检，确认工程质量符合有关法律、法规和工程建设强制性标准后，提供主体结构施工质量自评报告。该报告应由项目经理和施工单位负责人审核、签字、盖章。

（2）监理单位在主体结构工程完工后对工程全过程监理情况进行质量评价，提供主体工程质量评估报告，该报告应当由总监和监理单位有关负责人审核、签字、盖章。

（3）勘察、设计单位对勘察、设计文件及设计变更进行检查，对工程主体实体是否与设计图纸及变更一致进行认可。

（4）有完整的主体结构工程档案资料、见证试验档案、监理资料、施工质量保证资料、管理资料和评定资料。

（5）主体工程验收通知书。

（6）工程规划许可证复印件（需加盖建设单位公章）。

（7）中标通知书复印件（需加盖建设单位公章）。

（8）工程施工许可证复印件（需加盖建设单位公章）。

（9）混凝土结构子分部工程结构实体混凝土强度验收记录。

（10）混凝土结构子分部工程结构实体钢筋保护层厚度验收记录。

3. 主体结构验收主要依据

（1）《建筑工程施工质量验收统一标准》（GB 50300—2013）等现行质量检验评定标准、施工验收规范。

（2）国家及地方关于建设工程的强制性标准。

（3）经审查通过的施工图纸、设计变更、工程洽商以及设备技术说明书。

（4）引进技术或成套设备的建设项目，还应出具签订的合同和国外提供的设计文件等资料。

（5）其他有关建设工程的法律、法规、规章和规范性文件。

4. 主体结构验收组织及验收人员

（1）由监理单位项目总监负责组织实施建设工程主体验收工作，建设工程质量监督部门对建设工程主体验收实施监督，由该工程的建设、施工、设计等单位参加。

（2）验收人员：验收组成员由建设单位负责人、项目现场管理人员及设计、施工、监理单位项目技术负责人或质量负责人组成。

5. 主体工程验收的程序

建设工程主体验收按施工企业自评、设计认可、监理核定、业主验收、政府监督的程序进行。

（1）施工单位主体结构工程完工后，向建设单位提交建设工程质量施工单位（主体）报告，申请主体工程验收。

（2）监理单位核查施工单位提交的建设工程质量施工单位（主体）报告，对工程质量情况做出评价，并填写建设工程主体验收监理评估报告。

（3）建设单位审查施工单位提交的建设工程质量施工单位（主体）报告，对符合验收要求的工程，组织设计、施工、监理等单位的相关人员组成验收组。

（4）建设单位在主体工程验收 3 个工作日前将验收的时间、地点及验收组名单报至区建设工程质量监督站。

（5）监理单位组织验收组成员在建设工程质量监督站监督下，在规定的时间内对建设工程主体工程进行工程实体和工程资料的全面验收。

第六章 建筑工程安全管理概述

安全对于我们来说极为重要，离开了安全，一切都失去了意义。

美国著名学者马斯洛的需求层次理论把需求分成生理需求、安全需求、社交需求、尊重需求和自我实现需求五类，依次由较低层次到较高层次进行排列。即人类在满足生存需求的基础上，谋求安全的需要，这是人类要求保障自身安全、摆脱失业和丧失财产威胁、避免职业病的侵袭等方面的需要。可见"安全"对于人类来说非常重要。马斯洛认为，整个有机体是一个追求安全的机制，人的感受器官、效应器官、智能和其他能量主要是寻求安全的工具，甚至可以把科学和人生观都看成是满足安全需要的一部分。

第一节 建筑工程安全管理相关概念

一、含义

（一）安全

安全涉及的范围广阔，从军事战略到国家安全，到依靠警察维持的社会公众安全，再到交通安全、网络安全等，都属于安全问题。安全既包括有形实体安全，如国家安全、社会公众安全、人身安全等；也包括虚拟形态安全，如网络安全等。

顾名思义，安全就是"无危则安，无缺则全"。安全意味着不危险，这是人们长期以来在生产中总结出来的一种传统认识。安全工程观点认为，安全是指在生产过程中免遭不可承受的危险、伤害。其包括两个方面含义，一是预知危险，二是消除危险，两者缺一不可。即安全是与危险相互对应的，是我们对生产、生活中免受人身伤害的综合认识。

（二）安全管理

管理是指在某组织中的管理者，为了实现组织既定目标而进行的计划、组织、指挥、协调和控制的过程。

安全管理可以定义为管理者为实现安全生产目标对生产活动进行的计划、组织、指挥、协调和控制的一系列活动，以保护员工在生产过程中的安全与健康。其主要任务是：加强劳动保护工作，改善劳动条件，加强安全作业管理，搞好安全生产，保护职工的安全和健康。

建筑工程安全管理是安全管理原理和方法在建筑领域的具体应用，所谓建筑工程安全管理，是指以国家的法律、法规、技术标准和施工企业的标准及制度为依据，采取各种手段，对建筑工程生产的安全状况实施有效制约的一切活动。其是管理者对安全生产进行建章立制，进行计划、组织、指挥、协调和控制的一系列活动，是建筑工程管理的一个重要部分。目的是保护职工在生产过程中的安全与健康，保证人身、财产安全。它包括宏观安全管理和微观安全管理两个方面。

宏观安全管理主要是指国家安全生产管理机构以及建设行政主管部门从组织、法律法规、执法监察等方面对建设项目的安全生产进行管理。它是一种间接的管理，同时也是微观管理的行动指南。实施宏观安全管理的主体是各级政府机构。

微观安全管理主要是指直接参与对建设项目的安全管理，包括建筑企业、业主或业主委托的监理机构、中介组织等对建筑项目安全生产的计划、组织、实施、控制、协调、监督和管理。微观管理是直接的、具体的。它是安全管理思想、安全管理法律法规以及标准指南的体现。实施微观安全管理的主体主要是施工企业及其他相关企业。

宏观和微观的建筑安全管理对建筑安全生产都是必不可少的，它们是相辅相成的。为了保护建筑业从业人员的安全，保证生产的正常进行，就必须加强安全管理，消除各种危险因素，确保安全生产，只有抓好安全生产才能提高生产经营单位的安全程度。

（三）安全管理在项目管理中的地位

建筑工程安全管理对国家发展、社会稳定、企业盈利、人民安居有着重大意义，是工程项目管理的内容之一。质量、成本、工期、安全是建筑工程项目管理的四大控制目标。它们之间的关系如图 6-1 所示。

项目管理总目标由四个目标共同组成，安全是基础。因为：

1. 安全是质量的基础。只有良好的安全措施保证，作业人员才能较好地发挥技术水平，质量也就有了保障；

2. 安全是进度的前提。只有在安全工作完全落实的条件下，建筑企业在缩短工期时才不会出现严重的不安全事故；

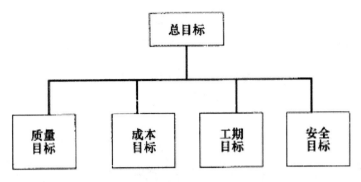

图6-1 建筑工程项目四大目标层次图

3.安全是成本的保证。安全事故的发生必会对建筑企业和业主带来巨大的经济损失，工程建设也无法顺利进行。

这四个目标互相作用，形成一个有机的整体，共同推动项目的实施。只有四大目标统一实现，项目管理的总目标才得以实现。

（四）安全生产

安全生产是指在劳动过程中，努力改善劳动条件，克服不安全因素，防止伤亡事故的发生，使劳动生产在保证劳动者安全健康和国家财产以及人民生命财产安全的前提下顺利进行。

安全生产一直以来是我国的重要国策。安全与生产的关系可用"生产必须安全，安全促进生产"这句话来概括。二者是一个有机的整体，不能分割更不能对立。

对国家来说，安全生产关系到国家的稳定、国民经济健康持续的发展以及构建和谐社会目标的实现。

对社会来说，安全生产是社会进步与文明的标志。一个伤亡事故频发的社会不能称为文明的社会。社会的团结需要人民的安居乐业，身心健康。

对企业来说，安全生产是企业效益的前提。一旦发生安全生产事故，将会造成企业有形和无形的经济损失，甚至会给企业造成致命的打击。

对家庭来说，一次伤亡事故，可能造成一个家庭的支离破碎。这种打击往往会给家庭成员带来经济、心理、生理等多方面创伤。

对个人来说，最宝贵的便是生命和健康，而频发的安全生产事故使二者受到严重的威胁。

由此可见，安全生产的意义非常重大。"安全第一，预防为主"已成为了我国安全生产管理的基本方针。

二、特征

建筑工程的特点，给安全管理工作带来了较大的困难和阻力，决定了建筑安全管理具有自身的特点，这在施工阶段尤为突出。

（一）流动性

建筑产品依附于土地而存在，在同一个地方只能修建一个建筑物，建筑企业需要不断地从一个地方移动到另一个地方进行建筑产品生产。而建筑安全管理的对象是建筑企业和工程项目，也必然要不断地随企业的转移而转移，不断地跟踪建筑企业和工程项目的生产过程。流动性体现在以下三方面：

一是施工队伍的流动性。建筑工程项目具有固定性，这决定了建筑工程项目的生产是随项目的不同而流动的。施工队伍需要不断地从一个地方换到另一个地方进行施工，流动性大，生产周期长，作业环境复杂，可变因素多。

二是人员的流动。由于建筑企业超过 80% 的工人是农民工，人员流动性也较大。大部分农民工没有与企业形成固定的长期合同关系，往往在一个项目完工后即意味着原劳务合同的结束，需与新的项目签订新的合同。这样造成施工作业培训不足，使得违章操作的现象时有发生，这使不安全行为成为主要的事故发生隐患。

三是施工过程的流动。建筑工程从基础、主体到装修各阶段，因分部分项工程、工序的不同，施工方法的不同，现场作业环境、状况和不安全因素都在变化，作业人员经常更换工作环境，特别是需要采取临时性措施，规则性往往较差。

安全教育与培训往往跟不上生产的流动和人员的大量流动，造成安全隐患大量存在，安全形势不容乐观，要求项目的组织管理对安全管理具有高度的适应性和灵活性。

（二）动态性

在传统的建筑工程安全管理中，人们希望将计划做的很精确。但是从项目环境和项目资源的限制上看，过于精确的计划，往往会使其失去指导性，与实际产生冲突，造成实施管理中的混乱。

建筑工程的流水作业环境使得安全管理更富于变化。与其他行业不同，建筑业的工作场所和工作内容都是动态的、变化的。建筑工程安全生产的不确定因素较多，为适应施工现场环境变化，安全管理人员必须具有不断学习、开拓创新、系统而持续地整合内外资源以应对环境变化和安全隐患挑战的能力。因此，现代建筑工程安全管理更强调灵活性和有效性。

另外，由于建筑市场是在不断发展变化的，政府行政管理部门需要针对出现的新情况新问题做出反应，包括各种新的政策、措施以及法规的出台等。即需要保持相关法律法规及相关政策的稳定性，也需要根据不断变化的环境条件进行适当调整。

（三）协作性

1. 多个建设主体的协作。建筑工程项目的参与主体涉及业主、勘察、设计、施工以及监理等多个单位，它们之间存在着较为复杂的关系，需要通过法律法规以及合同来进行规范。这使得建筑安全管理的难度增加，管理层次多，管理关系复杂。如果组织协调不好，极易出现安全问题。

2. 多个专业的协作。完成整个项目的过程中，涉及管理、经济、法律、建筑、结构、电气、给排水、暖通等相关专业。各专业的协调组织也对安全管理提出了更高的要求。

3. 各级建设行政管理部门在对建筑企业的安全管理过程中应合理确定权限，避免多头管理情形的发生。

（四）密集性

首先是劳动密集。目前，我国建筑业工业化程度较低，需要大量人力资源的投入，是典型的劳动密集型行业。由于建筑业集中了大量的农民工，很多没有经过专业技能培训，给安全管理工作提出了挑战。由此可见，建筑安全生产管理的重点是对人的管理。

其次是资金密集。建筑项目的建设需以大量资金投入为前提，资金投入大决定了项目受制约的因素多，如施工资源的约束、社会经济波动的影响、社会政治的影响等。资金密集性也给安全管理工作带来了较大不确定性。

（五）法规性

宏观的安全管理所面对的是整个建筑市场、众多的建筑企业，安全管理必须保持一定的稳定性，应通过一套完善的法律法规体系来进行规范和监督，并通过法律的权威性来统一建筑生产的多样性。

作为经营个体的建筑企业可以在有关法律框架内自行管理，根据项目自身的特征灵活采取合适的安全管理方法和手段，但不得违背国家、行业和地方的相关政策和法规，以及行业的技术标准要求。

综上所述，以上特点决定了建筑工程安全管理的难度较大，表现为安全生产过程不可控，安全管理需要从系统的角度整合各方面的资源来有效地控制安全生产事故的发生。因此，对施工现场的人和环境系统的可靠性，必须进行经常性的检查、分析、判断、调整，强化动态中的安全管理活动。

三、意义

建筑工程安全管理的意义有如下几点：

1. 作好安全管理是防止伤亡事故和职业危害的根本对策。

2. 作好安全管理是贯彻落实"安全第一、预防为主"方针的基本保证。

3. 有效的安全管理是促进安全技术和劳动卫生措施发挥应有作用的动力。

4. 安全管理是施工质量的保障。

5. 作好安全管理，有助于改进企业管理，全面推进企业各方面工作的进步，促进经济效益的提高。安全管理是企业管理的重要组成部分，与企业的其他管理密切联系、互相影响、互相促进。

第二节　建筑工程安全管理的原则与内容

一、原则

根据现阶段建筑业安全生产现状及特点来看，要达到安全管理的目标，建筑工程安全管理应遵循以下六个原则：

（一）以人为本的原则

建筑安全管理的目标是保护劳动者的安全与健康不因工作而受到损害，同时减少因建筑安全事故导致的全社会包括个人家庭、企业行业以及社会的损失。这个目标充分体现了以人为本的原则，坚持以人为本是施工现场安全管理的指导思想。

在生产经营活动中，在处理保证安全与实现施工进度、工程成本及其他各项目标的关系上，始终把从业人员和其他人员的人身安全放到首位，绝不能冒生命危险抢工期、抢进度，绝不能依靠减少安全投入达到增加效益、降低成本的目的。

（二）安全第一的原则

我国建筑工程安全管理的方针是"安全第一，预防为主"。"安全第一"就是强调安全，突出安全，把保证安全放在一切工作的首要位置。当生产和安全工作发生矛盾时，安全是第一位的，各项工作要服从安全。

"安全第一"是从保护生产的角度和高度，肯定安全在生产活动中的位置和重要性。

（三）预防为主的原则

进行安全管理不是处理事故，而是针对施工特点在施工活动中对人、物和环境采取管理措施，有效地控制不安全因素的发展与扩大，把可能发生的事故消灭在萌芽状态之中，以保证生产活动中人的安全健康。

贯彻"预防为主"原则应做到以下几点：一是要加强全员安全教育与培训，让所有员工切实明白"确保他人的安全是我的职责，确保自己的安全是我的义务"，从根本上消除习惯性违章现象，减少发生安全事故的概率；二是要制订和落实安全技术措施，消除现场的危险源，安全技术措施要有针对性、可行性，并要得到切实的落实；三是要加强防护用品的采购质量和安全检验，确保防护用品的防护效果；四是要加强现场的日常安全巡查与检查，及时辨识现场的危险源，并对危险源进行评估，制订有效措施予以控制。

（四）动态管理的原则

安全管理不是少数管理者和安全机构的事，而是一切与建筑生产有关的所有参与人共同的事。安全管理涉及生产活动的方方面面，涉及从开工到竣工交付的全部生产过程，涉及全部的生产时间，涉及一切变化着的生产因素。当然，这并非否定安全管理第一责任人和安全机构的作用。

因此，生产活动中必须坚持"四全"动态管理：全员、全过程、全方位、全天候的动态安全管理。

（五）发展性原则

安全管理是对变化着的建筑生产活动中的动态管理，其管理活动是不断发展变化的，以适应不断变化的生产活动，消除新的危险因素。这就需要我们不断地摸索新规律，总结新的安全管理办法与经验，指导新的变化后的管理，只有这样才能使安全管理不断地上升到新的高度，提高安全管理的艺术和水平，促进文明施工。

（六）强制性原则

严格遵守现行法律法规和技术规范是基本要求，同时强制执行和必要的惩罚必不可少。关于《建筑法》、《安全生产法》、《工程建设标准强制性条文》等一系列法律、法规的规定，都是在不断强调和规范安全生产，加强政府的监督管理，做到对各种生产违法行为的强制制裁有法可依。

安全是生产的法定条件，安全生产不能因领导人的看法和注意力的改变而改变。项目的安全机构设置、人员配备、安全投入、防护设施用品等都必须采取强制性措施予以落实，"三违"现象（违章指挥、违章操作、违反劳动纪律）必须采取强制性措施并加以杜绝，一旦出现安全事故，首先追究项目经理的责任。

二、内容

根据施工项目的实际情况和施工内容，识别风险和安全隐患，找出安全管理控制点。

根据识别的重大危险源清单和相关法律法规，编制相应管理方案和应急预案。组织有关人员对方案和预案进行充分性、有效性、适宜性的评审，完善控制的组织措施和技术措施。

进行安全策划（脚手架工程、高处作业、机械作业、临时用电、动用明火、沉井、深挖基础、爆破作业、铺架施工、既有线施工、隧道施工、地下作业等要作出规定），编制安全规划和安全措施费的使用计划；制定施工现场安全、劳动保护、文明施工和作业环境保护措施，编制临时用电设计方案；按安全、文明、卫生、健康的要求布置生产（安全）、生活（卫生）设施；落实施工机械设备、安全设施及防护用品进场计划的验收；进行施工人员上岗安全培训、安全意识教育（三级安全教育）；对从事特种作业和危险作业人员、四新人员要进行专业安全技能培训；对从业资格进行检查；对洞口、临边、高处作业所采取的安全防护措施（"三宝"：安全帽、安全带、安全网；"四口"：楼梯口、电梯井口、预留洞口、通道口），指定专人负责搭设和验收；对施工现场的环境（废水、尘毒、噪声、振动、坠落物）进行有效控制，防止职业危害的发生；对现场的油库和炸药库等设施进行检查；编制施工安全技术措施等。

进行安全检查，按照分类方式的不同，安全检查可以分为定期和不定期检查；专业性和季节性检查；班组检查和交接检查。检查可通过"看"、"量"、"测"、"现场操作"等检查方法进行。检查内容包括：安全生产责任制、安全保证计划、安全组织机构、安全保证措施、安全技术交底、安全教育、安全持证上岗、安全设施、安全标识、操作行为、规范管理、安全记录等。安全检查的重点是违章指挥和违章作业、违反劳动纪律。还有就是安全技术措施的执行情况，这也是施工现场安全保障的前提。

针对检查中发现的问题，下达"隐患整改通知书"，按规定程序进行整改，同时制定相应的纠正措施，现场安全员组织员工进行原因分析总结，吸取其中的教训。并对纠正措施的实施过程和效果进行跟踪验证。针对已发生的事故，按照应急程序进行处置，使损失最小化。对事故是否按处理程序进行调查处理，应急准备和响应是否可行进行评价，并改进、完善方案。

第三节　安全生产的政府监督与管理

一、安全生产监管的概念

建筑工程安全生产管理依据管理的对象和范围可以分为宏观层面的安全生产管理和微观层面的安全生产管理。本节主要针对宏观层面的建筑工程安全生产管理，即安全生产监督管理进行阐述。建筑工程安全生产监督管理是对建筑业的安全生产进行管理，指建设行政主管部门以及国家安全生产监督管理机构遵循一定的组织原则，分工合作，依照有关安全法律、法规、规章对建筑企业的安全生产进行监督、检查，督促和引导建筑企业改善和提高安全生产效果的过程。其具体包括政府职能部门的行业监督以及建设工程安全监督机构的执法监督两方面。

建筑安全生产管理的实施，必须借助科学的建筑安全生产管理体系。在这个体系内，安全生产监督管理部门和建设行政主管部门之间的关系顺畅，对建筑企业的监督管理分工明确，职责分明，最终的效果是共同监督建筑安全法律法规的实施，有效引导建筑企业自主重视安全生产。

目前，我国建筑业实行的是政府监督下的三方管理体制，如图6-2所示。在这种体制下三方对建筑施工安全共同负有责任，政府作为三方的主管单位使这三方的关系达到协调作用，所以政府的监督管理是非常重要的。建筑安全生产管理的关键是监督，如何适应社会经济的变化，有效化解建筑安全的风险，这是对建筑安全监督提出的具有挑战性的课题。只有不断更新安全监督思路，改进安全监督的理念，才能真正发挥安全监督应有的作用。

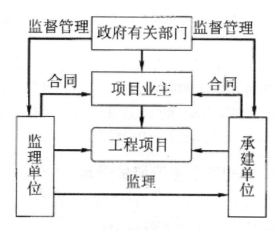

图6-2　建筑市场主体组成示意图

二、安全生产监管的主要内容

（一）对监理单位的安全生产监督管理

建设行政主管部门对工程监理单位安全生产监督检查的主要内容是：

1. 将安全生产管理内容纳入监理规划的情况，以及在监理规划和中型以上工程的监理细则中制定对施工单位安全技术措施的检查方面的情况；

2. 审查施工企业资质和安全生产许可证、三类人员及特种作业人员取得考核合格证书和操作资格证书情况；

3. 审核施工企业安全生产保证体系、安全生产责任制、各项规章制度和安全监管机构建立及人员配备情况；

4. 审核施工企业应急救援预案和安全防护、文明施工措施费用使用计划情况；

5. 审核施工现场安全防护是否符合投标时的承诺和《建筑施工现场环境与卫生标准》等标准要求情况；

6. 复查施工单位施工机械和各种设施的安全许可验收手续情况；

7. 审查施工组织设计中的安全技术措施或专项施工方案是否符合建设强制性标准；

8. 定期巡视检查危险性较大的工程作业；

9. 下达隐患整改通知单，要求施工单位整改事故隐患或暂时停工，对隐患整改结果是否复查作出判断。

（二）对建设单位的安全生产监督管理

建设行政主管部门对建设单位安全生产监督检查的主要内容是：

1. 申领施工许可证时，提供建筑工程有关安全施工措施资料的情况；按规定办理工程质量和安全监督手续的情况；

2. 按照国家有关规定和合同约定向施工单位拨付建筑工程安全防护、文明施工措施费用的情况；

3. 向施工单位提供施工现场及毗邻区域内地下管线资料、气象和水文观测资料，相邻建筑物和构筑物、地下工程等有关资料的情况；

4. 有无明示或暗示施工单位购买、租赁、使用不符合安全施工要求的安全防护用具、机械设备、施工机具及配件、消防设施和器材的行为。

（三）对施工单位的安全生产监督管理

建设行政主管部门对施工单位安全生产监督管理的方式主要有两种：一是日常监管，二是安全生产许可证动态监管。监管的主要内容是：

1. 《安全生产许可证》办理情况；

2. 建筑工程安全防护、文明施工措施费用的使用情况；

3. 设置安全生产管理机构和配备专职安全管理人员情况；

4. 三类人员经主管部门安全生产考核情况；

5. 特种作业人员持证上岗情况；

6. 安全生产教育培训计划制定和实施情况；

7. 施工现场作业人员意外伤害保险办理情况；

8. 职业危害防治措施制定情况，安全防护用具和安全防护服装的提供及使用管理情况；

9. 施工组织设计和专项施工方案编制、审批及实施情况；

10. 生产安全事故应急救援预案的建立与落实情况；

11. 企业内部安全生产检查开展和事故隐患整改情况；

12. 重大危险源的登记、公示与监控情况；

13. 生产安全事故的统计、报告和调查处理情况。

（四）对施工现场的安全生产监督管理

建设行政主管部门对工程项目开工前的安全生产条件审查包括：

1.在颁发项目施工许可证前，建设单位或建设单位委托的监理单位，应当审查施工企业和现场各项安全生产条件是否符合开工要求，并将审查结果报送工程所在地建设行政主管部门。审查的主要内容是：施工企业和工程项目安全生产责任体系、制度、机构建立情况，安全监管人员配备情况，各项安全施工措施与项目施工特点结合情况，现场文明施工、安全防护和临时设施情况等；

2.建设行政主管部门对审查结果进行复查。必要时，到工程项目施工现场进行抽查。

建设行政主管部门对工程项目开工后的安全生产监管包括：

（1）工程项目各项基本建设手续办理情况，有关责任主体和人员的资质和执业资格情况；

（2）施工、监理单位等各方主体按相关要求履行安全生产监管职责情况；

（3）施工现场实体防护情况，施工单位执行安全生产法律、法规和标准规范情况；

（4）施工现场文明施工情况。

（五）对勘察设计单位的安全生产监督管理

建设行政主管部门对勘察、设计单位安全生产监督检查的主要内容是：

1.勘察单位按照工程建设强制性标准进行勘察情况；提供真实、准确的勘察文件情况；采取措施保证各类管线、设施和周边建筑物、构筑物安全的情况。

2.设计单位按照工程建设强制性标准进行设计情况；在设计文件中注明施工安全重点部位、环节以及提出指导意见的情况；采用新结构、新材料、新工艺或特殊结构的建筑工程；提出保障施工作业人员安全和预防生产安全事故措施建议的情况。

（六）对其他有关单位的安全生产监督管理

建设行政主管部门对其他有关单位安全生产监督检查的主要内容是：

1.机械设备、施工机具及配件的出租单位提供相关制造许可证、产品合格证、检测合格证明的情况；

2.施工起重机械和整体提升脚手架、模板等自升式架设设施安装单位的资质、安全施工措施及验收调试等情况；

3.施工起重机械和整体提升脚手架、模板等自升式架设设施的检验检测单位资质和出具安全合格证明文件情况。

三、安全生产监管机构及主要监管职能

（一）安全生产监管机构

1. 安全生产监督管理部门

《建设工程安全生产管理条例》第三十九条规定：国务院负责安全生产监督管理的部门对全国建设工程安全生产工作实施综合监督管理；县级以上地方人民政府负责安全生产监督管理的部门对本行政区域内建设工程安全生产工作实施综合监督管理。

《安全生产许可证条例》第十二条规定：国务院安全生产监督管理部门和省、自治区、直辖市人民政府安全生产监督管理部门对施工企业、民用爆破器材生产企业、煤矿企业取得安全生产许可证的情况进行监督。

2. 建设行政主管部门

《中华人民共和国建筑法》第六条规定：国务院建设行政主管部门对全国的建筑活动实施统一监督管理。

《建设工程安全生产管理条例》第四十条规定：国务院建设行政主管部门对全国的建设工程安全生产实施监督管理；县级以上地方人民政府建设行政主管部门对本行政区域内的建设工程安全生产实施监督管理；国务院铁路、交通、水利等有关部门按照国务院规定的职责分工，负责有关专业建设工程安全生产的监督管理；县级以上地方人民政府交通、水利等有关部门在各自的职责范围内，负责本行政区域内的专业建设工程安全生产的监督管理。同时第四十四条还规定：建设行政主管部门或者其他有关部门可以将施工现场的监督检查委托给建设工程安全监督机构具体实施。

（二）安全生产监管机构主要监管职能

安全生产监督管理部门的主要职能如下：

1. 安全监督：对安全生产工作实施综合监督管理；依法审查批准安全生产事项（包括批准、核准、许可、注册、认证、颁发证照等）或验收；对生产经营单位执行法律法规和标准情况进行监督检查。

2. 安全生产许可证的监督和管理：国务院安全生产监督管理部门和省、自治区、直辖市人民政府安全生产监督管理部门对施工企业、民用爆破器材生产企业、煤矿企业取得安全生产许可证的情况进行监督。

3. 事故预防、调查：建立事故举报制度，按照规定程序进行事故上报；组织事故救援；建立值班制度，受理事故报告和举报；监督检查事故发生单位落实防范和整改措施的情况。

建设行政主管部门的主要职能如下：

1. 安全监督：依照《中华人民共和国安全生产法》的规定，对建设工程安全生产工作实施综合监督管理；负有建设工程安全生产监督管理职责的部门在各自的职责范围内履行安全监督检查职责时，有权采取下列措施：

（1）要求被检查单位提供有关建设工程安全生产的文件和资料；

（2）进入被检查单位施工现场进行检查；

（3）纠正施工中违反安全生产要求的行为；

（4）对检查中发现的安全事故隐患，责令立即排除；重大安全事故隐患排除前或者排除过程中无法保证安全的，责令从危险区域内撤出作业人员或者暂时停止施工。

2. 安全生产许可证的监督和管理：负责施工企业安全生产许可证的颁发和管理；建立许可证档案管理制度；向同级安全监督管理部门通报许可证颁发和管理情况；对取得许可证的企业进行监督检查。

3. 行政审批：依法进行行政审批；对取得批准的单位进行监督检查，对不具备安全条件的，撤销原批准；未依法取得批准，擅自从事相关活动的单位，发现或接到举报后，应立即查封、取缔，并给予行政处罚。审核发放施工许可证时，对安全施工措施进行审查；将建设单位申请施工许可证和拆除工程的材料抄送同级安全监督管理部门。

4. 事故预防、调查：受理建设工程生产安全事故及事故隐患的检举、控告和投诉；制定建设工程特大生产安全事故应急救援预案；制定严重危及施工安全的工艺、设备和材料淘汰目录。

（三）安全生产监管机构组织关系

我国政府对建设工程安全生产的监督管理采用综合管理和行业管理相结合的机制，组织关系为：国家安全生产监督管理局作为国务院负责安全生产监督管理的部门，对全国的安全生产工作实施综合管理、全面负责，从全国安全生产的角度，指导、协调和监督各行业或领域的安全生产监督管理工作；国务院建设行政主管部门对全国的建设工程安全生产实施统一的监督管理和国务院铁路、交通、水利等有关部门按照国务院的职责分工，分别对专业建筑工程安全生产实施监督管理；县级以上地方人民政府建设行政主管部门和各有关部门则分别对本行政区内的建设工程和专业建设工程的安全生产工作，对本行政去区内的建设工程和专业建设工程的安全生产工作，按各自的职责范围实施监督管理，并依法接受本行政区内安全生产监督管理部门和劳动行政主管部门对建设工程安全生产监督管理工作的指导和监督；建设工程安全监督机构接受县级以上地方人民政府建设行政主管部门的委托，行使建设工程安全监督的行政职能。组织关系如图6-3所示。

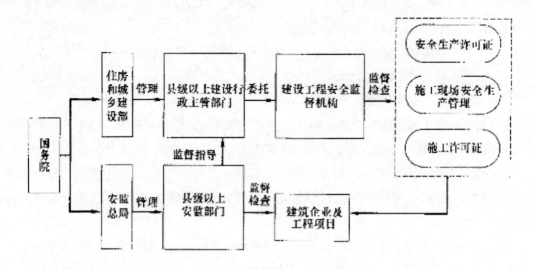

图6-3　政府监管组织关系

四、安全生产监管的手段

安全监督管理手段可以从法律、经济、行政、文化四个方面入手：

（一）法律手段

政府通过法律来规范建筑安全管理活动，体现政府的意志，保证建筑安全管理目标的实现，就是法律手段的具体体现。包括法律和制度的制定、执行和遵守，要做到"有法可依，有法必依，执法必严，违法必究"。

目前我国采用的是"三级立法"原则，即在中央的统一领导下，充分发挥地方的主动性和积极性，形成了全国人大、国务院行政部门、地方立法部门的三级立法体系。

具体的法律法规有：《中华人民共和国劳动法》、《中华人民共和国安全生产法》、《中华人民共和国建筑法》、《中华人民共和国职业病防治法》等国家基本法；《建设工程安全生产管理条例》、《安全生产许可证条例》、《劳动保障监察条例》等国务院颁布执行的行政法规；《建筑工程安全生产监督管理工作导则》、《建筑施工企业安全生产许可证管理规定》、《建设项目（工程）劳动安全卫生监察规定》等部门规章；《施工企业安全生产评价标准》、《建筑施工现场环境与卫生标准》等技术标准和规范。

（二）行政手段

行政手段包括行政许可、行政干预等。

建设行政主管部门的行政许可是指在法律规定的权限范围内，行政主体根据行政相对人的申请，通过颁发许可证或执照等形式，依法赋予特定的行政相对人从事某种活动或实施某种行为的权利或资格的行政行为。行政许可是对法律一般禁止的解除，通过许可制度控制准入以确保符合一定标准或条件的行政相对人获得某种权利或资格，达到某种行政管理目标。比如建设行政主管部门负责施工企业施工许可证和安全生产许可证的颁发和管理。

建设工程安全监督机构的行政干预指的是建设工程安全监督机构依据相关法律、法规及强制性标准向监督对象发出行政指令，要求其在法律、法规和强制性标准允许的范围内采取安全措施。比如《建设工程安全生产管理条例》规定县级以上人民政府负有建设工程安全生产监督管理职责的部门在职责范围内履行安全监督检查职责时，有权采取纠正施工中违反安全生产要求的行为；对检查中发现的安全事故隐患，有权责令立即排除等。

（三）文化手段

预防事故的核心在于提高企业从业人员的安全意识、安全素质，而文化手段是实现这一目标的根本途径。文化手段是能够直接引起安全文化进步的各种有效措施的总称，而安全文化是指对安全的理解和态度或处理与风险相关的问题的模式和规则。因此，利用文化手段加强建筑安全管理是明智之举。一般文化手段包括以下几个方面：

1. 安全培训；

2. 开展安全生产月活动；

3. 定期安全检查；

4. 建设安全生产文明工地。

（四）经济手段

安全仅依靠法律制度硬性压制的效果是非常有限的，必须借助市场经济杠杆的巨大调节作用，充分调动各方的主动性自发地追求良好的安全业绩，这也充分体现了市场经济的作用。

经济手段是指政府根据建筑安全的经济属性和经济规律，运用价格、信贷、税费等经济杠杆来达到和促进建筑安全目标的各种具体方式的总称。是各类责任主体通过各类保险和担保为自己编织一个安全网，维护自身利益，同时运用经济杠杆使质量好、信誉高的企业得到经济利益，是预防事故的最好方法。

我国政府监管部门进行安全监管的经济手段主要包括：

1. 对工程各方责任主体违法行为实施经济处罚。针对处罚的行为对象，可以分为对潜在违章行为的处罚、对违章行为的处罚和对违章行为产生后果（即事故）的处罚。比如《建设工程安全生产管理条例》第六十三条规定：施工企业挪用列入建设工程概算的安全生产作业环境及安全施工措施所需费用的，责令限期改正，处挪用费用20%以上50%以下的罚款；造成损失的，依法承担赔偿责任。

2. 建筑安全投入。建筑安全投入是政府监管部门开展建筑安全监管工作的经济保障，方式有财政拨款、施工企业自筹等。

3. 对施工企业计提的安全防护、文明施工措施费用的监督管理。建设单位申请领取建筑工程施工许可证时，应当将施工合同中约定的安全防护、文明施工措施费用支付计划作为保证工程安全的具体措施提交建设行政主管部门。未提交的，建设行政主管部门不予核发施工许可证。

4. 对提取的安全费用的监督管理。企业安全费用的提取，是为保证安全生产所需的资金投入，根据地区和行业的特点确定提取标准，由企业自行安排使用，专户存储、专款专用。

5. 督促施工企业对伤亡事故经济赔偿的实施应用。企业生产安全事故赔偿是指企业发生安全责任事故后，事故受害者除应得到工伤保险赔偿外，事故单位还应按照受害者的受伤程度给予受害者家属一次性赔偿。

6. 对安全生产风险抵押金提取的监督管理。安全生产风险抵押金是预防企业发生安全事故预先提取的、用于企业发生重特大事故（一次死亡 3 人以上的事故）后的抢险救灾和善后处理的专项资金。

第四节　安全管理中的不安全因素识别

一、我国建筑行业事故成因分析

（一）思想认识不到位

企业重生产、轻安全的思想仍普遍存在。企业作为安全生产的主体，缺乏健全的自我约束机制，在一切以经济效益为中心的生产经营活动中，往往出现了对安全管理的松懈行为。企业主要侧重于市场开发和投标方面的经营业务，对安全问题不够重视，在安全方面的资源投入明显不足，没有处理好质量安全、效益、发展之间的关系，没有把质量安全工作真正摆在首要的位置来抓，只顾眼前利益，而忽视了企业可持续发展能力的培养。

（二）行业的高风险性

建筑业属事故多发性行业之一，其露天作业、高空作业较多。据统计，一般工程施工中露天作业约占整个工作量的 70% 以上，高处作业约占 90% 以上；施工环境容易受到地质、气候、卫生、周围及社会等条件的影响，具有较强的不确定性。

所以，建筑产品的生产和交易方式的特殊性以及政策敏感性等决定了建筑业是一个高风险产业，面临着经营风险、行业风险、市场风险、政策风险、环境风险等多种风险因素。以上特点容易转化为建筑生产过程中的不安全状态、不安全行为，也造成发生事故的起因物、致害物较多，伤害方式多种多样。

（三）安全管理水平低下

主要体现在以下五个方面

1. 企业安全生产责任制未全面落实。大部分企业都制定了安全生产规章制度和责任制度，但部分企业在机构建设、专业人员配备、安全经费投入、职工培训等方面的责任未能真正落实到实际工作中；机构与专职安全管理人员形同虚设，施工现场时常发生违章作业和违章指挥的行为；企业安全管理粗放，基础工作薄弱，涉及安全生产的规定、技术标准和规范得不到认真执行，安全检查流于形式，事故隐患得不到及时整改，违规处罚不严。

2. 企业安全生产管理模式落后，治标不治本。部分企业仍停留在'经验型'和'事后型'的管理方法中，"安全第一，预防为主，综合治理"的安全生产方针未真正落实，对从根本上、源头上深入研究事故发生的突发性和规律性重视不够，安全管理工作松松紧紧、抓抓停停，难以有效预防各类事故的发生。

3. 安全投入不足，设备老化情况严重。长期以来，我国建筑企业在安全生产工作中人力、物力、财力的投入严重不足。加之当前建筑市场竞争激烈而又不规范，压价和拖欠工程款现象严重，企业的平均赢利越来越薄，安全生产的投入就更加难以保证。许多使用多年的陈旧设备得不到及时维护、更新、改造，设备带"病"运行现象频频出现，不能满足安全生产的要求，这样就为建筑安全事故的发生埋下了隐患。

4. 企业内部安全教育培训不到位。建筑业一线作业人员以农民工为主，其安全意识较淡薄、自我保护能力较差、基本操作技能水平较低。据统计，经济发达国家高级技工占到从业工人的35%以上，而我国仅占7%左右。建筑业的从业人员75%以上属农民工，大都没有经过系统的教育培训，高级技工所占的比例就更少。目前事故伤害者大多发生在这部分人员当中。

5. 监理单位未有效履行安全监理职责。《建设工程安全生产条例》及住房和城乡建设部《关于落实建设工程安全生产监理责任的若干意见》中明确规定，监理单位负有安全生产监理职责。但目前监理单位大多对安全监理的责任认识不足，工作被动，并且监理人员普遍缺乏安全生产知识。主要原因在于监理费中没有包含安全监理费或者取费标准较低，只增加了监理单位的工作量，未增加相应报酬；安全监理责任的规定，可操作性较差；对监理单位和监理人员缺乏必要的制约手段。

（四）市场秩序不够规范

从建筑市场运行的角度看，有市场交易、市场秩序不公平、不公正、不规范的问题。

（五）政府主管部门监管不到位

1. 在机构设置、工作体制机制建设方面还不能适应当前建筑工程质量安全工作的需要。监督人员素质偏低的问题，很大程度上影响和制约着安全监督工作的开展和工作水平的提升。

2. 安全事故调查不按规定程序执行，违法违纪问题未能及时严厉的惩处，执法不严现象较为普遍。

3. 部分地区建设主管部门和质量安全监督机构对本地区质量安全管理薄弱环节和存在的主要问题把握不够，一些地方政府主管部门的质量安全监管责任未能落实，监管力度不够。

4. 建筑安全监督机构缺乏有序协调。建筑企业同时面临来自住房和城乡建设部、国家安全生产监督管理总局、人力资源和社会保障部、卫生部和消防部门等各个系统的监督管理，但其中一些部门的职权划分尚不清楚，管理范围交叉重复，难免在实际管理中出现多头管理、政出多门、各行其是的现象，使得政府安全管理整体效能相对减弱，企业无所适从，负担加重。

5. 很多地方领导在思想上出于对地方政绩的考虑，对于安全事故存在大事化小、小事化了的思想，安全事故记录与管理缺乏权威性和真实性，建筑安全事故瞒报、漏报、不报现象时有发生。同时，在政府和部门工作人员中，也不排除存在腐败因素。

6. 安全检查的方式还是主要以事先告知型的检查为主，不是随机抽查及巡查，许多地方流于形式。对查出的隐患和发现的问题缺乏认真细致的研究分析，缺乏有效的、针对性强的措施与对策，致使安全监管工作实效性差，同类型安全问题大量重复出现。

二、安全事故致因理论

为了对建筑工程安全事故采取最有效的措施，必须深入了解和识别事故发生的主要原因。最初，人们关注事故是因为事故导致了人员伤亡和财产损失，而且事故的表现形式多种多样，如高处坠落、机械伤害、触电、物体打击等，由此认为安全事故纯粹是由某些偶然的甚至无法解释的因素造成的。但是，现在人们对事物的认识已经随着科学技术的进步大大提高，可以说每一起事故的发生，尽管或多或少存在偶然性，但却无一例外都有着各种各样的必然原因，事故的发生有其自身的发展规律和特点。

因此，预防和避免事故的关键，就在于找出事故发生的规律，识别、发现并消除导致事故的必然原因，控制和减少偶然原因，使发生事故的可能性降到最小，保证建设工程系统处于安全状态，而事故致因理论是掌握事故发生规律的基础。事故致因理论就是对形形色色的事故以及人、物和环境等要素之间的无穷变化进行研究，旨在找到防止事故发生的方法和对策的理论。

国内外许多学者对事故发生的规律进行了大量的研究．提出了许多理论，其中比较有代表性的有以下两种。

（一）综合因素论

综合因素论认为，在分析事故原因、研究事故发生机理时，必须充分了解构成事故的基本要素。研究的方法是从导致事故的直接原因入手，找出事故发生的间接原因，并分清其主次地位。

直接原因是最接近事故发生的时刻、直接导致事故发生的原因，包括不安全状态（条件）和不安全行为（动作）。这些物质的、环境的以及人的原因构成了生产中的危险因素（或称为事故隐患）。所谓间接原因，是指管理缺陷、管理因素和管理责任，它使直接原因得以产生和存在。造成间接原因的因素称为基础原因，包括经济、文化、学校教育、民族习惯、社会历史、法律等社会因素。

管理缺陷与不安全状态的结合，就构成了事故隐患。当事故隐患形成并偶然被人的不安全行为触发时，就必然发生事故。通过对大量事故的剖析，可以发现事故发生的一些规律。据此可以得出综合因素论，如图6-4所示。即生产作业过程中，由社会因素产生管理缺陷，进一步导致物的不安全状态或物的不安全行为，进而发生伤亡和损失。调查分析事故的过程恰恰相反：通过事故现象查询事故经过，进而了解物和人的原因等直接造成事故的原因；依此追查管理责任（间接原因）和社会因素（基础原因）。

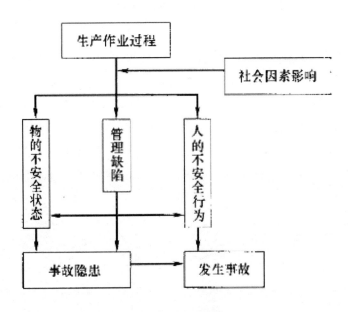

图6-4　综合因素论

很显然，这个理论综合地考虑了各种事故现象和因素，因此比较正确，有利于各种事故的分析、预防和处理，是当今世界上最为流行的理论。美国、日本和我国都主张按这种模式分析事故。

（二）因果连锁论

1931 年，美国海因里希在《工业事故的预防》一书中首先提出了事故因果连锁论，用以阐明导致伤亡事故各种因素与结果之间的关系。该理论认为，伤亡事故的发生不是一个孤立的事件，尽管伤害可能在某个瞬间突然发生，却是一系列原因事件相继发生的结果。

海因里希最初提出的事故因果连锁过程包括以下五个因素：

1. 人的不安全行为或物的不安全状态：所谓人的不安全行为或物的不安全状态是指那些曾经引起过事故，或可能引起事故的行为，或机械、物质的状态，它们是造成事故的直接原因。例如，在起重机的吊物下停留，不发信号就启动机器，工作时间打闹或拆除安全防护装置等，都属于人的不安全行为；没有防护的传动齿论，裸露的带电体或照明不良等，都属于物的不安全状态。

2. 遗传及社会环境：遗传因素及社会环境是造成人的性格缺陷的主要原因。遗传因素可能造成鲁莽、固执等不良性格；社会环境可能妨碍教育、助长性格上的缺陷。

3. 事故：事故是由于物体、物质、人或放射线的作用或反作用，使人员受到伤害或可能受到伤害的，出乎意外的、失去控制的事件。

4. 人的缺点：人的缺点是使人产生不安全行为或造成机械、物质不安全状态的原因，包括鲁莽、固执、过激、神经质、轻率等性格的先天的缺点以及缺乏安全生产知识和技能等后天的缺点。

5. 伤害：由于事故而造成的人身伤害。

人们用多米诺骨牌来形象地描述这种事故因果连锁关系，如图 6-5 所示。在多米诺骨牌系列中，一颗骨牌被碰倒了，则将发生连锁反应，其余的几颗骨牌相继被碰倒。如果移去连锁中的一颗骨牌，则连锁被中断，事故过程终止。海因里希认为，企业事故预防工作的中心就是防止人的不安全行为，消除机械的或物质的不安全状态，即抽取第三张骨牌就有可能避免第四、第五张骨牌的倒下，中断事故连锁的进程而避免事故的发生。

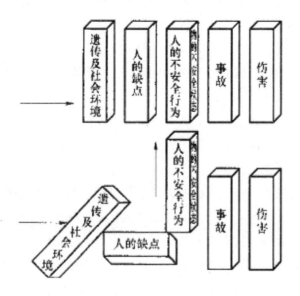

图6-5 海因里希连锁论

这一理论从产生伊始就被广泛地应用于安全生产工作中,被奉为安全生产的经典理论,对后来的安全生产产生了巨大而深远的影响。施工现场要求每天工作开始前必须认真检查施工机械和施工材料,并且保证施工人员处于稳定的工作状态,正是这一理论在工程建设安全管理中的应用和体现。

三、不安全因素

由于具体的不安全对象不同或受安全管理活动限制等原因,不安全因素在作业过程中处于变化的状态。由于事故与原因之间的关系是复杂的,不安全因素的表现形式也是多种多样的。根据前述事故致因理论以及对我国安全事故发生的主要原因进行分析,可以得到不安全因素主要包括人(Man)、物(Matter)、管理(Management)和环境(Medium)四个方面(即"4M"要素)。

(一)人的因素

所谓人,包括操作人员、管理人员、事故现场的在场人员及其他相关人员等。人的因素是指由人的不安全行为或失误导致生产过程中发生的各类安全事故,是事故产生的最直接因素。各种安全生产事故,其原因不管是直接的还是间接的,都可以说是由人的不安全行为或失误引起的,可能导致物质存在不安全状态,导致不安全的环境因素被忽略,也可能出现管理上的漏洞和缺陷,还可能造成事故隐患并触发事故的发生。

人的因素主要体现为人的不安全行为和失误两个方面。

人的不安全行为是由人的违章指挥、违规操作等引起的不安全因素,如进入施工现场没有佩戴安全帽，必须使用防护用品时未使用，需要持证上岗的岗位由其他人员替代，未按技术标准操作，物体的摆放不安全，冒险进入危险场所，在起吊物下停留作业，机器运转时进行加油和修理作业，工作时说笑打闹，带电作业等。

人的失误是人的行为结果偏离了预定的标准。人的失误有两种类型，即随机失误和系统失误。随机失误是由人的行为、动作的随机性引起的，与人的心理、生理原因有关，它往往是不可预测、也不重复出现的。系统失误是由系统设计不足，或人的不正常状态引发的，与工作条件有关，类似的条件可能引发失误重复发生。造成人失误的原因是多方面的，施工过程中常见的失误原因包括如下：

1. 感知过程与人为失误。施工人员的失误涉及感知错误、判断错误、动作错误等，是造成建筑安全事故的直接原因。感知错误的原因主要是心理准备不足、情绪过度紧张或麻痹、知觉水平低、反应迟钝、注意力分散和记忆力差等。感知错误、经验缺乏和应变能力差，往往导致判断错误，从而导致操作失误。错综复杂的施工环境会使施工人员产生紧张和焦虑情绪，当应急情况出现时，施工人员的精神进入应急状态，容易出现不应有的失误现象，甚至出现冲动行为等，为建筑安全事故的发生埋下了极大的隐患。

2. 动机与人为失误。动机是决定施工人员是否追求安全目标的动力源泉。有时，安全动机与其他动机产生冲突，而动机的冲突是造成人际失调和协作不当的内在动因。出于某种动机，施工班组成员可能产生畏惧心理、逆反心理或依赖心理。畏惧心理表现在施工班组成员缺乏自信，胆怯怕事，遇到紧急情况手足无措。逆反心理是由于自我表现动机、嫉妒心导致的抵触心态或行为方式对立。依赖心理是由于对施工班组其他成员的过高期望而产生的。这些心理障碍影响施工班组成员之间的配合，极易造成人为失误。

3. 社会心理品质与人为失误。社会心理品质涉及价值观、社会态度、道德感、责任感等，直接影响工人的行为表现，与建筑施工安全密切相关。在建筑项目施工过程中，个别班组成员的社会心理品质不良、缺乏社会责任感、漠视施工安全操作规程、以自我为中心处理与班组其他成员的关系、行为轻率，容易出现人为失误。

4. 个性心理特征与人为失误。施工人员的个性心理特征主要包括气质、性格和能力。个性心理特征对人为失误有明显的影响。比如，多血质型的施工人员如果从事单调乏味的工作时容易情绪不稳定；胆汁质型的施工人员固执己见、脾气暴躁，情绪冲动时难以克制；黏液质型的施工人员遇到特殊情况时反应慢，反应能力差。现在的施工单位在招聘劳务时，很少进行考核，更不用说进行心理方面的测试了，所以对施工人员的个性心理特征也就无从了解，分配施工任务时也常常随意安排。

5. 情绪与人为失误。情绪是人对客观事物是否满足自身需要的态度的体验。在不良的心境下，施工人员可能情绪低落，容易产生操作行为失误，最终导致建筑安全事故。过分自信、骄傲自大是安全事故的陷阱。施工人员的麻痹情绪、情绪上的长期压和适应障碍，会使心理疲劳频繁出现而诱发失误。

6. 生理状况与人为失误。疲劳是产生建筑安全事故的重大隐患。疲劳的主要原因是缺乏睡眠和昼夜节奏紊乱。如果施工人员服用一些治疗失眠的药物，也可能为建筑安全事故的发生埋下隐患。因此，经常进行教育、训练，合理安排工作，消除心理紧张因素，有效控制心理紧张的外部原因，使人保持最优的心理紧张度，对消除人为失误现象是很重要的。

人的因素中，人的不安全行为可控，并可以完全消除。而人的失误可控性较小，不能完全消除，只能通过各种措施降低失误的概率。

（二）物的因素

对建筑行业来说，物是指生产过程中发挥一定作用的设备、材料、半成品、燃料、施工机械、生产对象以及其他生产要素。物的因素主要指物的故障原因而导致物处于一种不安全状态。故障是指物不能执行所要求功能的一种状态，物的不安全状态可以看作是一种故障状态。

物的故障状态主要有以下几种情况：机械设备、工器具存在缺陷或缺乏保养；存在危险物和有害物；安全防护装置失灵；缺乏防护用品或其有缺陷；钢材、脚手架及其构件等原材料的堆放和储存不当；高空作业缺乏必要的保护措施等。

物的不安全状态是生产中的隐患和危险源，在一定条件下，就会转化为事故。物的不安全状态往往又是由人的不安全行为导致的。

（三）管理因素

大量的安全事故表明，人的不安全行为、物的不安全状态以及恶劣的环境状态，通常只是事故直接和表面的原因，深入分析可以发现发生事故的根源在于管理的缺陷。国际上很多知名学者都支持这一说法，其中最具有代表性的就是美国学者 Petersen 的观点，他认为导致安全事故的原因是多方面的，根本原因在于管理系统，包括管理的规章制度、管理的程序、监督的有效性以及员工训练等方面的缺陷等，是因管理失效造成了安全事故。英国健康与安全执行局（Health and Safety Executive，HSE）的统计表明，工作场所 70% 的致命事故是由于管理失控造成的；根据上海市历年重大伤亡事故进行的抽样分析，92% 的事故是由于管理混乱或管理不善引起的。

常见的管理缺陷有制度不健全、责任不分明、有法不依、违章指挥、安全教育不够、处罚不严、安全技术措施不全面、安全检查不够等。

人的不安全行为和物的不安全状态是可以通过适当的管理控制，予以消除或把影响程度降到最低。环境因素的影响是不可避免的，但是，通过适当的管理行为，选择适当的措施也可以把影响程度减到最低。人的不安全行为可以通过安全教育、安全生产责任制以及安全奖罚机制等管理措施减少甚至杜绝。物的不安全状态可以通过提高安全生产的科技含量、建立完善的设备保养制度、推行文明施工和安全达标等管理活动予以控制。加强对作业现场的安全检查，就可以发现并制止人的不安全行为和物的不安全状态，从而避免事故的发生。

建筑安全生产系统中，"4M"要素之间的关系如图6-6所示。

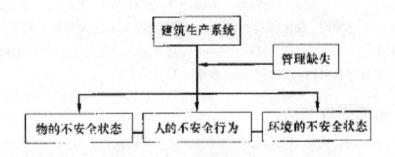

图6-6　"4M"要素之间的关系

由于管理的缺失，造成了人不安全行为的出现，进而导致物的不安全状态或环境的不安全状态的出现，最终导致安全生产事故的发生。因此，搞好建筑安全生产管理工作，重在改善和提高建筑安全管理能力，如生产组织、生产设计、劳动计划、安全规章制度、安全教育培训、劳动技能培训、职工伤害事故保险等。

（四）环境因素

事故的发生都是由人的不安全行为和物的不安全状态直接引起的。然而，仅仅将施工人员的"粗心大意"、"疏忽"作为指责对象，而不考虑客观情况是片面的，有时甚至是错误的。还应当进一步研究导致人的过失的背景条件，即不安全环境。环境因素主要指施工作业过程所在的环境，包括温度、湿度、照明、噪声和振动等物理环境，以及企业和社会的人文环境。不良的生产环境会影响人的行为，同时对机械设备也产生不良的影响。

恶劣的物理环境会引起物的故障和人的失误，物理环境又可分为自然环境和生产环境。如施工现场到处是施工材料、机具乱摆放、生产及生活用电私拉乱扯，不但给正常生产生活带来不便，而且会引起人的烦躁情绪，从而增加事故发生概率；温度和湿度会影响设备的正常运转引起故障，噪声和照明条件会影响人的动作准确性，增加失误的可能性；冬天的寒冷，往往造成施工人员动作迟缓或僵硬；夏天的炎热往往造成施工人员的体力透支，注意力不集中；此外，下雨、刮风、扬沙等天气，都会影响到人的行为和机械设备的正常使用。

人文环境会影响人的心理、情绪等，引起人的失误。如果一个企业从领导到职工，人人讲安全、重视安全，逐渐形成安全氛围，更深层次地讲，就是形成了企业安全文化，在这样一种环境下的安全生产是有保障的。

第七章　安全施工用电

施工现场用电与一般工业或居民生活用电相比具有临时性、露天性、流动性和不可选择性的特点，有与一般工业用电或居民生活用电不同的规范。但是很多人在具体操作使用过程中，存在马虎、凑合、不按标准规范操作的现象。并有相当多的施工人员对电的特性不了解，对电的危险性认识不足，没有安全用电的基本知识，不懂临时施工用电的规范。触电造成的伤亡事故是建筑施工现场的多发事故之一，因此凡进入施工现场的每一位人员必须高度重视安全用电工作，掌握必要的电气安全技术知识。

第一节　施工现场临时用电安全技术知识

一、临时用电组织设计及现场管理

（一）施工现场临时用电设备

在五台及以上或设备总容量在 50kW 及以上者，应由电气工程技术人员组织编制用电组织设计，且必须履行"编制—审核—批准"程序。

（二）外电线路防护

在建工程不得在外电架空线路正下方施工、搭设作业棚、建造生活设施或堆放构件、架具、材料及其他杂物等。

二、施工现场临时用电的原则

建筑施工现场临时用电工程专用的电源中性点直接接地的 220 ~ 380V 三相四线制低压电力系统，必须符合下列规定。

（一）采用三级配电系统

采用三级配电结构。所谓三级配电结构是指施工现场从电源进线开始至用电设备中间应经过三级配电装置配送电力，即由总配电箱（配电室内的配电柜）、经分配电箱（负荷或若干用电设备相对集中处），到开关箱（用电设备处）分三个层次逐级配送电力。而开关箱与用电设备之间必须实行"一机一闸一漏一箱"，即每一台用电设备必须有自己专用的控制开关箱，而每一个开关箱只能用于控制一台用电设备。

（二）采用 TN-S 接零保护系统

在施工现场专用变压器的供电的 TN-S 接零保护系统中，电气设备的金属外壳必须与保护零线连接。保护零线应由工作接地线、配电室（总配电箱）电源侧零线或总漏电保护器电源侧零线处引出。

当施工现场与外电线路共用同一供电系统时，电气设备的接地、接零保护应与原系统保持一致。不得一部分设备作保护接零，另一部分设备作保护接地。

TN 系统中的保护零线除必须在配电室或总配电箱处做重复接地外，还必须在配电系统的中间处和末端处做重复接地。保护零线每一处重复接地装置的接地电阻值不应大于 10Ω。

N 线的绝缘颜色为淡蓝色，PE 线的绝缘颜色为绿/黄双色。任何情况下上述颜色标记严禁混用和互相代用。

（三）采用二级漏电保护系统

二级漏电保护系统是指在整个施工现场临时用电工程中，总配电箱和开关箱中必须设置漏电保护开关。总配电箱中漏电保护器的额定漏电动作电流应大于 30mA，额定漏电动作时间应大于 0.1s，但其额定漏电动作电流与额定中心城市电动作时间的乘积应不大于 30mA·s；开关箱中漏电保护器的额定漏电动作电流应不大于 30mA，额定漏电动作时间应大于 0.1s。使用于潮湿或有腐蚀性场所的漏电保护器应采用防溅型产品，其额定漏电动作电流应不大于 15m，额定漏电动作时间应大于 0.1s。

三、配电线路安全技术措施

电缆线路应采用埋地或架空敷设，严禁沿地面明设并应避免机械操作和介质腐蚀。架空线必须架设在专用电杆上，严禁架设在树木、脚手架及其他设施上。

在建工程内的电缆线路必须采用电缆埋地引入，严禁穿越脚手架引入。电缆垂直敷设应充分利用在建工程的竖井、垂直孔洞等引入，固定点每楼层不得少于一处。

四、配电箱及开关箱

现场临时用电应做到"一机一闸一漏一箱"。

配电箱、开关箱应装设端正、牢固。固定式配电箱、开关箱中心点与地面的垂直距离宜为 1.4 ~ 1.6m。移动式配电箱、开关箱应装设在坚固、稳定的支架上，其中心点与地面的垂直距离宜为 0.8 ~ 1.6m。

对配电箱、开关箱进行定期维修、检查时，必须将其前一级相应的电源隔离开关分闸断电并悬挂标注"禁止合闸、有人工作"的停电标志牌。

熔断器的熔体更换时，严禁采用不符合原规格的熔体代替。

五、电动建筑机械和手持式电动工具、照明的用电安全技术措施

每一台电动建筑机械或手持式电动工具的开关箱内，除应装设过载、短路、漏电保护器外，还应按规范要求装设隔离开关或具有可见分断点的断路器，以及控制装置。不得采用手动双向转换开关作为控制电器。

夯土机械的负荷线应采用耐候型橡皮护套铜芯软电缆。使用夯土机械必须按规定穿戴绝缘手套、绝缘鞋等个人防护用品，使用过程中应有专人调整电缆，电缆严禁缠绕、扭结和被夯土机械跨越。

交流弧焊机的一次侧电源线长度应不大于 5m，二次线电缆长度应不大于 30m。

使用电焊机械焊接时必须穿戴防护用品。严禁露天冒雨从事电焊作业。

手持式电动工具的负荷线应采用耐气候型的橡皮护套软电缆，并不得有接头；Ⅰ类手持电动工具的金属外壳必须作保护接零，操作Ⅰ类手持电动工具的人员必须按规定穿戴绝缘手套、绝缘鞋等个人防护用品。

照明灯具的金属外壳必须与保护零线相连接。普通灯具与易燃物距离不宜小于 300mm；聚光灯、碘钨灯等高热灯具与易燃物距离不宜小于 500mm，且不得直接照射易燃物。当无法达到规定的安全距离时，应采取隔热措施。

第二节　施工用电的施工方案

施工现场临时用电设备在 5 台及 5 台以上，或设备总容量在 50kW 及以上时，应编制临时用电施工组织设计，临时用电施工组织设计由施工技术人员根据工程实际编制后经技术负责人、项目经理审核，经公司安全、生产、技术部门会签，经公司总工程师审批签字，加盖施工单位公章后才能付诸实施。

临时用电施工组织设计的内容和步骤：首先进行现场勘测，了解现场的地形和工程位置，了解外电线路情况；其次确定电源线路配电室、总配电箱、分箱等的位置和线路走向，并编制供电系统图；绘制详细的电气平面图，作为临时用电的唯一依据。

一、现场勘测

测绘现场的地形和地貌，新建工程的位置，建筑材料和器具堆放的位置，生产和生活临设建筑物的位置，用电设备装设的位置以及现场周围的环境。

二、施工用电负荷计算

根据现场用电情况计算用电设备、用电设备组以及作为供电电源的变压器或发电机的计算负荷。计算负荷被作为选择供电变压器或发电机、用电线路导线截面、配电装置和电器的主要依据。

三、配电室（总配电箱）的设计

选择和确定配电室（总配电箱）的位置、配电室（总配电箱）的结构、配电装置的布置、配电电器和仪表、电源进线、出线走向和内部接线方式以及接地、接零方式等。

施工现场配有自备电源（柴油发电机组）的，变电所或配电室的设计应和自备电源（柴油发电机组）的设计结合进行，特别应考虑其联络问题，明确确定联络和接线方式。

四、配电线路（包括基本保护系统）的设计

选择确定线路方向，配线方式（架空线路或埋地电缆等），敷设要求，导线排列，配线型号与规格，及其周围的防护设施等。

五、配电箱和开关箱设计

选择箱体材料，确定箱体的结构与尺寸，确定箱内电器配备和规格，确定箱内电气接线方式和电气保护措施等。

配电箱与开关箱的设计要和配电线路相适应，还要与配电系统的基本保护方式相适应，并满足用电设备的配电和控制要求，尤其要满足防漏电、触电的要求。

六、接地与接地装置设计

根据配电系统的工作和基本保护方式的需要确定接地类别，确定接地电阻值，并根据接地电阻值的要求选择或确定自然接地体或人工接地体。对于人工接地体还要根据接地电阻值的要求，设计接地体的结构、尺寸和埋深以及相应的土壤处理，并选择接地体材料。

接地装置的设计还包括接地线的选用和确定接地装置各部门之间的连接要求等。

七、防雷设计

防雷设计包括防雷装置位置的确定、防雷装置形成的选择以及相关防雷接地的确定。防雷设计应保护防雷装置，其保护范围应可靠地覆盖整个施工现场，并能对雷害起到有效的保护作用。

八、编制安全用电技术措施和电气防火措施

编制安全用电技术措施和电气防火措施时，要考虑电气设备的接地（重复接地）、接零（TN-S 系统）保护问题，"一机一箱一闸一漏"保护问题，外电防护问题，开关电器的装设、维护、检修、更换问题，实施临时用电施工组织设计时应执行的安全措施问题，有关施工用电的验收问题以及施工现场安全用电的安全技术措施等。

编制安全用电技术措施和电气防火措施时，不仅要考虑现场的自然环境和工作条件，还要兼顾现场的整个配电系统包括变电配电室（总配电箱）到用电设备的整个临时用电工程。

九、绘制电气设备施工图

绘制电气设备施工图包括供电总平面图、变电所或配电室（总配电箱）布置图、变电或配电系统接线图、接地装置布置图等主要图纸。

第三节 施工用电安全一般项目

为保证建筑工程的施工用电安全，施工企业除必须做好上述保证项目的安全保证工作外，在其他一般项目的安全管理方面也必须加以重视，这些一般项目包括配电室与配电装置规定、现场照明规定、用电档案的管理等。

一、配电室电器装置

配电室的建筑基本要求是室内设备搬运、装设、操作和维修方便，运行安全可靠。其长度和宽度应根据配电屏的数量和排列方式决定，其高度视其进出线的方式，以及墙上是否装设隔离开关等因素综合考虑。配电室建筑物的耐火等级应不低于三级，室内不得存放

易燃易爆物品，并应配备沙箱、1211 灭火器等绝缘灭火器材，配电室的屋面应该有隔层和防水、排水措施，并应有自然通风和采光，还须有避免小动物进入的措施。配电室的门应向外开并上锁，以便于紧急情况下室内人员撤离和防止闲杂人员随意进入。

（一）配电室地面按要求采取绝缘措施

配电室内的地面应光平，上面应铺设不小于 20mm 厚的绝缘橡皮板或用 50mm×50mm 木枋上铺干燥的木板，主要考虑操作人员的安全，当设备漏电时，操作者可避免触电事故。

（二）室内配电装置布设合理

变配电室是重要场所也是危险场所，除建筑上的要求必须达到外，其室外或周围必须标明警示标志，以引起有关人员注意；不能随意靠近或进入变配电室内，以确保施工工地供电的安全。

配电箱开关箱内的开关电器应按其规定的位置紧固在电器安装板上，不得歪斜和松动。箱内的电器必须可靠完好，不准使用破损、不合格的电器。为便于维修和检查，漏电保护器应装设在电源隔离开关的负荷侧。各种开关电器的额定值应与其控制用电设备的额定值相适应。容量大于 5.5kW 的动力电路应采用自动开关电器，更换熔断器的熔体时，严禁用不符合原规格的熔体代替。

熔丝的选择应满足以下条件。

1. 照明和电热线路：熔丝额定电流 =1.1 倍用电额定电流。

2. 单台电机线路：熔丝额定电流 =（1.5 ~ 3）倍电机额定电流。

3. 多台电机线路：熔丝额定电流 =（1.5 ~ 3）倍功率最大一台电机额定电流 + 工作中同时开动的电机额定电流之和。

4. 不允许用其他金属丝代替熔丝。如果随意使用金属丝，当设备发生短路故障时，其金属丝就不会熔断，严重的情况，导线烧掉，其金属丝也没有熔断，这种情况是非常危险的，轻则烧毁用电设备，重则可引起电线起火，酿成重大火灾事故。

熔断器及熔体的选择，应视电压及电流情况，一般单台直接起动电动机熔丝可按电动机额定电流 2 倍左右选用（不能使用合股熔丝）。

二、现场照明

照明灯具的金属外壳必须作保护接零。单相回路的照明开关箱内必须装设漏电保护器。由于施工现场的照明设备也同动力设备一样有触电危险，所以也应照此规定设置漏电保护器。

（一）安全电压

安全电压额定值的等级为 42V、36V、24V、12V、6V。当电气设备采用超过 24V 的安全电压时，必须采取防止直接接触带电体的保护措施。

照明装置在一般情况下其电源电压为 220V，但在下列五种情况下应使用安全电压的电源。

1. 室外灯具距地面低于 3m，室内灯具距地面低于 2.5m 时，应采用 36V 的电源电压。

2. 使用行灯，其电源的电压不超过 36V。

3. 隧道、人防工程电源电压应不大于 36V。

4. 在潮湿和易触及带电体场所，电源电压不得大于 24V。

5. 在特别潮湿场所和金属容器内工作，照明电源电压不得大于 12V。

（二）照明动力用电按规定分路设置

照明与动力分设回路，照明用电回路正常的接法是在总箱处分路，考虑三相供电每相负荷平衡，单独架线供电。

（三）照明专用回路必须装设漏电保护

施工现场的照明装置触电事故经常发生，造成触电伤害，照明专用回路必须装设漏电保护器，作为单独保护系统。

（四）灯具金属外壳做接零保护

灯具金属外壳接零，设置保护零线，在灯具漏电时就可避免危险，但还必须设置漏电保护器进行保护。

（五）照明供电不宜采用绞织线

照明用绞织线为 RVS 铜芯绞形聚氯乙烯软线（俗称花线），它的截面一般都较小，其规格为 0.12 ~ 2.5mm²，照明一般使用 0.75 ~ 1mm² 的导线，一受力就容易扎断，用在施工现场是不合格的，同时室外环境条件差，其绝缘层易老化，产生短路。

（六）手持照明灯、危险场所或潮湿作业

手持照明灯、危险场所或潮湿作业使用 36V 以下的安全电压。

这些场所的作业必须使用 36V 以下的安全电压，主要是这些场所触电的危险性大，在上述场所使用 36V 以下的安全电压，危险就会大大降低，一旦发生漏电，可以切断电源，保证在漏电保护器失灵状态下，也不至于危及生命安全。

（七）室内线路及灯具

室内线路安装高度低于 2.4m 必须使用安全电压供电。

室内线路一般指宿舍、食堂、办公室及现场建筑物内的工作照明及其线路，如果安装高度低于 2.4m（人伸手可能触及的高度），就会因线路破损等原因触电，因此一定要保

证其高度要求，如果其高度低于 2.4m 就使用安全电压供电。

（八）危险场所、通道口、宿舍等，按要求设置照明

危险场所和人员较集中的通道口、宿舍、食堂等场所，必须设置照明，以免人员行走或在昏暗场所作业时发生意外伤害。在一般场所宜选用额定电压为 220V。

1. 临时宿舍、食堂、办公室等场所，其照明开关、插座的要求如下。

（1）开关距地面高度一般为 1.2～1.4m，拉线开关距地面高度一般为 2～3m，开关距门框距离为 150～200mm。

（2）开关位置应与灯位相适应，同一室内，开关方向应一致。

（3）多尘、潮湿、易燃易爆场所，开关应分别采用密闭型和防爆型，或安装在其他处所进行控制。

（4）不同电压的插座，应有明显的区别，不能混用。

（5）凡为携带式或移动式电器用的插座，单相应用三眼插座，三相应用四眼插座，工作零线和保护零线不能混接。

（6）明装插座距地面应不低于 1.8m，暗装和工业用插座应不低于 30cm。

2. 特殊场所对照明器的电压要求如下。

（1）隧道、人防工程，或有调温、导电、灰尘或灯具离地面高度低于 2.4m 的场所照明，电源电压不大于 36V。

（2）在潮湿和易触及带电体场所的照明电源电压不得大于 24V。

（3）在特别潮湿的场所、导电良好的地面、锅炉或金属容器内工作的照明电源电压，不得大于 12V。

3. 室内外灯具安装的要求如下。

（1）室外路灯，距地面不得低于 3m，每个灯具都应单独装设熔断器保护。

（2）施工现场经常使用碘钨灯及钠铊铟等金属卤化物灯具，其高度宜安装在 5m 以上，灯具应装置在隔热架或金属架上，不得固定在木、竹等支持架上，灯线应固定在接线柱上，不得靠近灯具表面。

（3）室内安装的荧光灯管应用吊链或管座固定，镇流器不得安装在易燃的结构件上，以免发生火灾。

（4）灯具的相线必须经开关控制，不得相线直接引入灯具，否则，只要照明线路不停电，即使照明灯具不亮，灯头也是带电的，易发生意外触电事故。

（5）如用螺口灯头，其中心触头必须与相线连接，其螺口部分必须与工作零线连接，否则，在更换或擦拭照明灯具时，易意外地触及螺口部分而发生触电。

（6）灯具内的接线必须牢固，灯具外的接线必须作好可靠绝缘包扎，以免漏电触及伤人。

（7）灯泡功率在 100W 及其以下时，可选用胶质灯头；100W 以上及防潮灯具应选用

瓷质灯头。

三、用电档案

安全技术档案应由主管现场的电气技术人员负责建立与管理,其内容应包括如下方面。

1. 修改临时用电施工组织设计的资料。

2. 临时用电施工组织设计。

3. 技术交底资料。

4. 临时用电工程检查验收表,电气设备的试验、检验凭单和调试记录,电工维修工作记录,现场临时用电(低压)电工操作安全技术交底,施工用电设备明细表,接地电阻测试记录表,施工现场定期电气设备检查记录表,配电箱每日专职检查记录表,施工用电检查记录表等。

第四节 施工用电安全保证项目

为保证建筑工程的施工用电安全,施工企业必须做好外电防护措施、接地与接零保护系统设置、配电线路设置、配电箱开关箱设置等安全保证工作。

一、外电防护

在建工程(含脚手架具)的外侧边缘与外电架空线的边缘之间必须保持安全操作距离。最小安全操作距离见表 7-1。

表7-1 最小安全操作距离

在建筑工程(含脚手架)的外侧边缘与外电架空线路的边线之间的最小安全操作距离				
外电线路电压/kV	1以下	1~10	35~110	200	330~500
最小安全操作距离/m	4	6	8	10	15

注:上、下脚手架的斜道严禁搭设在有外电线路的一侧。

必须满足上述要求的安全距离,如由于现场的条件无法达到安全操作距离,必须设置防护措施。

外电线路主要指专为施工现场使用的、原来已经存在的高压或低压配电线路,外电线路一般为架空线路,个别现场也会遇到地下电缆。施工过程中必须与外电线路保持一定的安全距离。当因受现场作业条件限制达不到安全距离时,必须采取屏护措施,防止发生因碰触造成的触电事故。

在架空线路的下方不得施工，不得建造临时建筑设施，不得堆放构件、材料等。当在架空线路一侧作业时，必须保证安全操作距离。

当由于条件所限无法满足最小安全操作距离时，应设置防护性遮拦、栅栏并悬挂警告牌等防护措施。

1. 在施工现场一般采取搭设防护架，其材料应使用竹、木质等绝缘性材料。防护架距线路一般不小于1m，必须停电搭设（拆除时也要停电）。防护架距作业区较近时，应用硬质绝缘材料封严。

2. 当架空线路在塔式起重机等起重机的作业半径范围内时，其线路的上方也应有防护措施，搭设成门形，其顶部可用5cm厚的木板或相当于5cm厚的木板的强度的材料盖严。为警示起重机作业，可在防护架上端间断设置小彩旗，夜间施工应有警示灯，其电源电压应为36V。

室外变压器防护要求如下。

（1）变压器周围要设围栏（栅栏、网状或板状遮拦），高度不小于1700mm。

（2）变压器外廓与围栏或建筑物外墙的净距不小于800mm。

（3）变压器底部距地面高度不小于300mm。

（4）栅栏的栏条之间间距不得超过200mm，遮拦的网眼不超过40mm×40mm。

高压配电防护要求见表7-2。

表7-2　露天配电装置最小安全净距／mm

项目	3~10kV
带电部分至接地部分	200
不同相的带电部分之间	200
带电部分至栅栏	950
带电部分至网状遮拦	300
无遮拦裸导体至地面	2700
不同时检修的无遮拦裸导体之间水平距离	2200

低压架空线路防护：要求在架空线路上方沿线路方向设置一水平方向的防护棚。

高压线过路防护：高压线下方必须作相应的防护屏障，对车辆通过有高度限制，并设警示牌，搭设的防护屏应使用木杆，高压线距防护屏障的距离应不小于表3-3所示的尺寸。外电防护的遮拦、栅栏也有一个与外电安全距离的问题，在做防护设施时也必须注意这一安全距离要求。

表3-3　户外带电体与遮拦、栅栏的安全距离

外电线路额定电压/kV	1~3	6	10	35	60	110	220	330	500
线路边线至栅栏的安全距离/mm	950	950	950	1150	1350	1750	2650	4500	
线路边线至遮拦的安全距离/mm	300	300	300	500	700	1100	1900	2700	5000

在搭设防护屏障时必须注意以下问题。

（1）防护遮拦、栅栏的搭设可用竹、木脚手架杆作防护立杆、水平杆。可用木板、竹排或干燥的荆笆、密目式安全网等作纵向防护屏。

（2）各种防护杆的材质及搭设方法应按竹木脚手架施工的有关安全技术标准进行。

（3）防护遮拦、栅栏应有足够的机械强度和耐火性能，金属制成的防护屏障应接地或接零。

（4）搭建和拆除防护屏障时应停电作业，并在醒目处设有警告标志。

（5）搭设跨越门（∏）形架时，立杆应高出跨越横杆 1.2m 以上；旋转臂架式起重机在跨越 10kV 以下吊物时，需要搭设跨越架。

在施工前必须注意以下问题。

（1）在施工前必须编制高压线防护方案，经审核、审批后方可施工。

（2）有明显警示标志。应挂设如"请勿靠近，高压危险""危险地段，请勿靠近"等明显警示标志牌，以引起施工人员注意，避免发生意外事故。

（3）不应在线路下方施工作业或搭设临时设施。

（4）在建工程不得在高、低压线路下方施工；高、低压线路下方不得搭设作业棚，不得建造生活设施或堆放构件、架具、材料及其他杂物等。

二、接地与接零保护系统

保护接地和保护接零是防止电气设备意外带电造成触电事故的基本技术措施。

（一）接地

接地有工作接地、保护接地、保护接零和重复接地四种。

1. 工作接地：将变压器中性点直接接地叫工作接地，阻值应小于 4Ω。

2. 保护接零：将电气设备外壳与电网的零线连接叫保护接零。

3. 保护接地：将电气设备外壳与大地连接叫保护接地，阻值应小于 4Ω。

4. 重复接地：在保护零线上再作的接地就叫重复接地，其阻值应小于 10Ω。在一个施工现场中，重复接地不能少于三处（始端、中端、末端）。在设备比较集中地方如搅拌机棚、钢筋作业区等应做一组重复接地；在高大设备处如塔式起重机、外用电梯、物料提升机等也要作重复接地。

（二）必须采用三相五线制 TN-S 系统

工作零线与保护零线必须严格分开。

保护零线应由工作接地线处引出，或由配电室（或总配电箱）电源侧的零线处引出。

保护零线严禁穿过漏电保护器，工作零线必须穿过漏电保护器。

电箱中应设两块端子板（工作零线 N 线与保护零线 PE 线），保护零线端子板与金属电箱相连，工作零线端子板与金属电箱绝缘。

保护零线必须做重复接地，工作零线禁止做重复接地。

保护零线的统一标志为绿 / 黄双色线，在任何情况下不准使用绿 / 黄双色线作负荷线。

当施工现场与外电线路共用同一供电系统时，电气设备应根据当地要求作保护接零，或作保护接地。不得一部分设备作保护接零，另一部分设备作保护接地。

当施工现场采用电业部门高压侧供电，自己设置变压器形成独立电网的，应做工作接地，必须采用 TN-S 系统。

当施工现场有自备发电机组时，接地系统应独立设置，也应采用 TN-S 系统。

当分包单位与总包单位共用同一供电系统时，分包单位应与总包单位的保护方式一致，不允许一个单位采用了 TT 系统而另外一个单位采用 TN 系统。

（三）接地与接零保护系统

1. 采用 TN-S 系统

TN 系统是指电源（变压器）中性点直接接地的电力系统中，将电气设备正常不带电的金属外壳或基座经过中性线（零线）直接接零的保护系统。

TN-S 系统是指系统中的工作零线 N 线与保护零线 PE 线分开的系统，用电设备的正常不带电的金属外壳或基座与保护零级 PE 线直接与电气连接，也称专用保护零线——PE 线。

为了稳定保护零线对地零电位及防止保护零线可能断线对保护零线的影响，可在保护零线首、末端及中间位置作不少于三处的重复接地。

施工现场采用的 TN-S 系统的专用保护零线的引出基本上都是从施工现场总电源箱一侧的三相四线制引入的 N 线作重复接地后，再从重复接地处引出 PE 线，沿架线要求引到各分配电箱。在这个系统中一定要注意，不得一部分设备作保护接零，另一部分设备作保护接地。当采取接地的用电设备发生相线碰壳，零线电位 U0 将升高，从而使所有接零的用电设备外壳都带上危险电压。

2. 工作接地

在中性点直接接地的三相供电系统中，因运行需要的接地称为工作接地。在工作接地的情况下，大地被用作为一根导线，而且能够稳定设备导电部分的对地电压。

工作接地应注意以下要求。

（1）接地体的最小规格参见表 3-4。

（2）工作接地电阻值不大于 4Ω。

（3）接地零线焊接、搭接长度规定参见表 3-5。其中 b 为扁钢宽度，d 为圆钢直径。

（4）不得用铝导体作为接地体或地下接地线。

（5）不宜采用螺纹钢材作接地体。

（6）接地体长度为 1.5 ~ 2m，顶部与地面最小间距为 0.6m，必须有两根接地体相连接。

表7-4　接地体的最小规格

线才种类	规格	地上敷设		地下敷设
		室内	室外	
圆钢	直径/mm	5	6	
钢管	壁厚/mm	2.5	2.5	
角钢	厚度/mm	2	2.5	4
扁钢	厚度/mm	3	4	4
	裁面/mm²	24	48	48
绝缘铜线	裁面/mm²	2.5（设备本身接地或接零）		

表7-5　接地零线焊接、搭接长度规定

项次	项目		规定数值	体验标准
1	搭接长度	扁钢	≥2b	尺寸检验
		圆钢	≥6d（双面焊）	
		扁钢和圆钢	≥6d（双面焊）	
2	扁钢搭接焊的棱边数		3	观察检验

3.重复接地

指专用保护零线 PE 线作重复接地，在中性点直接接地的电力系统中，除在中性点直接接地外，在中性线上的一处或多处再作接地，称为重复接地。

重复接地应注意如下要求。

（1）其材质与规格的技术要求同前（工作接地）。

（2）重复接地电阻值不大于 10Ω（我国南方地区气候潮湿要求不大于 4Ω）。

（3）重复接地的主导线应与零干线截面相同（不小于相线截面 1/2）。

（4）除在配电室或总配电箱处作重复接地外，线路中间和终端处也要作重复接地，一般重复接地不少于三处，如主干线超过 1km，还必须再增加一处重复接地。

工作接地与重复接地的接地极与导线连接处，要用带螺孔的镀锌板焊在接地极上，且导线要用铜接头压接，不能随意缠绕。

（四）专用保护零线设置要求

专用保护零线的设置要求如下所示。

1.专用保护零线（PE 线）必须采用绿 / 黄双色线，不得用铝线或金属裸线代替，绿 / 黄双色线不得作为 N 线和相线使用。

2.PE 线在配电箱内必须设置专用端子板，不准将各回路的 PE 线接在一个螺栓上，形成"鸡爪形"接线。

3.与干线相连接的保护零线截面应不小于相线截面的 1/2，与电气设备连接的保护零线截面应小于 2.5mm² 的绝缘多股铜线，手持式用电设备的保护零线应在绝缘良好的多股铜芯橡皮电缆内，截面不小于 2.5mm²。

4.PE 线可以从工作接地线引出，也可由配电室的配电屏或配电箱的重复接地装置处引出。所谓从工作接地线引出，实际是从低压配电屏或总配电箱的重复接地与工作零线连接处引出 PE 线。

5. 施工现场未安装单独变压器，供电线路为三相四线到现场总配电箱的，其 PE 线可由总配电箱的漏电保护器电源侧的零线处引出，但需单独设置重复接地系统。

6. 施工现场除工作接地、重复接地外，所有用电设备均应接零。不能混淆接地和接零的概念。

（五）保护零线与工作零线分设接线端子板

在配电箱和开关箱内，工作零线和保护零线应分设接线端子板，保护零线端子板应与箱体保持电气连接，工作零线端子板必须与箱体保证绝缘，否则将变成混接。

三、配电线路

架空线路必须采用绝缘铜线或绝缘铝线。这里强调了必须采用"绝缘"导线，由于施工现场的危险性，故严禁使用裸线。导线和电缆是配电线路的主体，绝缘必须良好，是直接接触防护的必要措施，不允许有老化、破损现象，接头和包扎都必须符合规定。

电缆干线应采用埋地或架空敷设，严禁沿地面明敷，并应避免机械伤害和介质腐蚀。穿越建筑物、构筑物、道路、易受机械损伤的场所及电缆引出地面从 2m 高度至地下 0.2m 处，必须加设防护套管，施工现场不但对电缆干线应该按规定敷设，且应注意对一些移动式电气设备所采用的橡皮绝缘电缆的正确使用，不允许浸泡在水中和穿越道路时不采取防护措施的现象。

（一）架空线路

架空线路应满足以下要求。

1. 架空线路宜采用混凝土杆或木杆。混凝土杆不得有露筋、环向裂纹和扭曲；木杆不得腐朽，其梢径应不小于 130mm。架空线路的档距不得大于 35m；线间距离不得小于 0.3m；四线横担长 1.5m，五线横担长 1.8m；施工现场的架空线路与地面最大弧垂 4m，机动车道与地面最大弧垂 6m。

电杆按用途分为中间杆（也称直线杆）、耐张杆、转角杆和终端杆。中间杆用于直线段线路上，在正常情况下，两侧导线的拉力相等，只承受导线和风力荷载；耐张杆（也称承力杆），机械强度较强，能承受单侧或两侧不等的拉力，线路每经过一段距离后，就应敷设一根耐张杆，以免线路发生故障（断线或中间杆倒斜）时支持两侧不等的拉力，使故障限制在相邻两杆的范围内，耐张杆一般为 H 形杆或 A 形杆；转角杆为电杆前后各档的导线不在同一直线上，而折转成一个角度，承受转角导线不平衡的拉力，在受力的反方向做拉线；终端杆为线路的始末端电杆，只在单方向做拉线。

2. 电杆拉线宜用镀锌铁线，其截面不得小于 3mm×φ4mm，拉线与电杆的夹角应为 30°～45°，拉线埋设深度不得小于 1m，混凝土电杆拉线应在高于地面 2.5m 处装设拉紧绝缘子，受地形限制不能装设拉线时，可采用支撑杆，其杆埋设深度不得小于 0.8m，且其底部应垫底盘或石块，与立杆夹角宜为 30°。

目前施工现场大部分是用街码瓷瓶竖排在电杆上架线，必须符合线路相序排列及电杆架设规定。

3. 架空线路必须采用绝缘铜线或绝缘铝线，必须架设在专用电杆上，严禁架设在树木、脚手架及其他构件架上。同杆架设绝缘铜、铝线是允许的，但铜线架设必须放在杆的上方。

4. 架空线导线截面的选择应符合下列要求。

（1）导线中的负荷电流不大于其允许载流量。

（2）线路末端的电压偏移不大于额定电压的 5%。

（3）单相线路的零线截面与相线截面相同；三相四线制的工作零线和保护零线截面不小于相线截面的 50%。

（4）为满足机械强度要求，绝缘铝线截面不小于 16mm²，绝缘铜线截面不小于 10mm²，跨越铁路、公路、河流、电力线路的档距内，绝缘铝线截面不小于么 5mm²，绝缘铜线截面不小于 16mm²。

5. 架空线路的档距应符合下列要求。

（1）架空线路的档距不大于 35m。主要考虑风吹影响，档距过大，导线摆动，或导线弧垂过大，满足不了导线对地的距离要求。

（2）在架空线的一个档距内，每一层架空线的接头数不得超过该层导线条数的 50%，且一根导线只允许有一个接头，不允许有两个及两个以上接头。

（3）架空线路在跨越铁路、公路、河流、电力线路的档距内，不允许有接头。

6. 架空线路相序排列应符合下列要求。

（1）面向负荷，导线相序排列顺序如下所示。

①三相四线制线路相序排列：L1，N，L2，L3。

②三相五线制线路相序排列：L1，N，L2，L3，PE。

③动力、照明线在两个横担上分别架设线路相序排列：上横担为 L1，L2，L3；下横担为 L1（L2，L3），N，PE。

（2）如用街码瓷瓶，竖排固定导线按固定在横担上导线排列顺序从上至下排列。

7. 架空线路与邻近线路或设施的距离应符合表 7-6 的要求。

表7–6　架空线路与邻近线路或设施的距离／m

项目	临近线路或设备类型					
最小净空距离	过引线、接下线与邻线		架空线与拉线电杆外援		树梢摆动最大时	
	0.3		0.5		0.5	
最小垂直距离	同杆架设下方的广播线路、通信线路	最大弧垂与地面			最大弧垂与哲设工程顶端	与邻近线路交叉
		施工现场	机动车道	铁路轨道		1kV以下	1~10kV
	1.0	4.0	6.0	7.5	2.5	1.2	2.5
最小水平距离	电杆至路基边缘		电杆至铁道边缘		电杆与建筑物凸出部分边缘	
	1.0		杆高+3.0		1.0	

8. 线路过道保护。线路穿越临时施工道路必须作保护，导线不得在室外埋地敷设，过路的线路必须使用埋地电缆，保证供电的可靠性。不可将电缆直接埋地不设保护管穿越临时道路，保护管要用铁管，不宜使用硬塑料管（PVC 管），更不允导线直接埋地过路。导线过路必须架设，随意拖地的导线很容易被重物或车辆压坏，破坏其绝缘，也容易浸水，造成线路短路故障，现场工人也易发生触电事故，导线应架设或穿管保护，所以现场不允许任何导线拖地敷设。

9. 使用五芯电缆。

三相五线制是 TN-S 系统，其中工作零线 N 与保护零线 PE 分开。不允许使用四芯电缆外加一根线代替五芯电缆。

10. 导线敷设必须固定在绝缘子上。

导线无论在室内或室外敷设固定，都必须绑在绝缘子上，根据不同场所和用途，导线可采用瓷（塑料）夹、瓷柱（鼓型绝缘子）、瓷瓶（针式绝缘子）等方式固定。瓷（塑料）夹布线适用于正常环境内场所和挑檐下的屋外场所；绝缘子布线适用于屋内外场所。导线固定在瓷瓶上必须牢固绑扎.当导线是橡皮绝缘时，使用一般纱包绑线绑扎；使用塑料绝缘线时，应尽量采用颜色相同的聚氯乙烯线或绑扎线进行绑扎。如果使用金属裸线绑扎，在紧固的时候，金属线可能绑伤导线绝缘。

（二）电缆埋地规定

电缆埋地规定如下所示。

1. 直埋电缆必须是铠装电缆，埋地深度不小于 0.7m，并在电缆上下铺 5cm 厚细砂，防止不均匀沉降，最上部覆盖硬质保护层，防止误伤害。

2. 橡皮电缆架空敷设时，应沿墙壁或电杆设置，并用绝缘子固定。严禁使用金属裸线作绑线，固定点间距应保证橡皮电缆能承受自重所带来的荷重。橡皮电缆最大弧垂距地不得小于 2.5m。

3. 对建筑施工的室内用电，不允许由室外地面电箱用橡皮电缆从地面直接引入各楼层使用。在建高层建筑的临时配电必须采用电缆埋地引入，电缆垂直敷设的位置应充分利用在建工程的竖井、垂直孔洞，并应靠近用电负荷中心，固定点每楼层不得少于一处。电缆水平敷设宜沿墙或门口固定。最大弧垂距地不得小于 2m。电缆垂直敷设后，可每层或隔层设置分配电箱提供使用，固定设备可设开关箱，手持电动工具可设移动电箱。

四、配电箱与开关箱

（一）三级配电与两级漏电保护的概念

三级配电是指配电室配电屏或总配电箱配电一级；分配电箱分支供配电一级，开关箱供用电设备一级。

两级漏电保护是指配电室配电屏或总配电箱设置一级漏电保护装置，用电设备的开关箱设置一级漏电保护装置。两级漏电保护器的参数要相匹配。

（二）漏电保护器的要求

1. 开关箱中必须安装漏电保护器。

2. 每台用电设备都要加装漏电保护器，不能有一个漏电保护器用于保护两台或多台用电设备的情况。

3. 另外还应避免发生直接用漏电保护器兼作电器控制开关的现象。

4. 漏电保护器参数匹配合理。在一般情况下第一级（开关箱）漏电保护器的漏电动作电流应小于 30mA，动作时间应小于 0.1s，如工作场所比较潮湿或有腐蚀介质或属于人体易接触其外壳的手持电动工具，其漏电动作电流应小于 15mA，其动作时间小于 0.1s，而作为第二级（分配电箱）（如设置三级漏电保护）其值应大于 30mA，一般取值为上一级不小于下一级的两倍。

（三）电箱的安装

1. 分配电箱与开关箱的距离不得超过 30m，开关箱与其控制的固定用电设备的水平距离不宜超过 3m。

2. 总配电箱应设在靠近电源的地区。

3. 分配电箱应安装在用电设备或负荷相对集中的地区。

4. 配电箱、开关箱应安装在干燥、通风及常温场所，周围应有足够两人同时工作的空间和通道，应安装端正、牢固。移动式配电箱、开关箱应安装在坚固的支架上；固定式配电箱、开关箱的下底与地面的垂直距离应为 1.3 ~ 1.5m；移动式分配电箱、开关箱的下底距地面大于 0.6m，小于 1.5m。

5. 不允许使用木质电箱和金属外壳木质底板。配电箱内的电器应首先安装在金属或非木质的绝缘电器安装板上，然后整体紧固在配电箱体内。箱内的连接线应采用绝缘导线，接头不得有外露部分，进、出线应加护套分路成束并做防水弯，导线束不得与箱体进、出口直接接触。移动式配电箱和开关箱的进、出线必须采用橡皮绝缘电缆。

（四）电箱内隔离开关设置

总配电箱、分配电箱以及开关箱中，都要安装隔离开关，能在任何情况下使用电设备实行电源隔离。

1. 总配电箱、分配电箱和开关箱中必须装设隔离开关和熔断器（或装自动开关），装设自动开关（带漏电保护器）的配电箱，其前必须装设隔离开关使之能形成一个明显的断开点。同时隔离开关刀片之间的消弧罩或绝缘隔离板要完好，避免切断时发生意外弧光短路。总隔离开关应装在箱内的左上方的电源进箱处。

2. 隔离开关一般多用于高压变配电装置中。隔离开关没有灭弧能力，绝对不可以带负荷拉闸或合闸，否则触头间所形成的电弧，不仅会烧毁隔离开关和其他邻近的电气设备，而且也可能引起相间或对地弧光造成事故，因此必须在负荷开关切断以后，才能拉开隔离开关，先合上隔离开关后，再合上负荷开关。

（五）电箱内 PE 线专用接线端子板

1. 配电箱开关箱的金属箱体、金属电器安装板以及箱内电器的不应带电金属底座外壳等必须保护接零。保护接零应通过接线端子板连接，电箱内的工作零线和保护零线必须分别设置专用端子板，工作零线端子板必须与箱体绝缘。保护零线端子板可以直接固定在箱体上。

2. 配电箱的保护零线连接得不牢，连接螺丝生锈，导线松动，箱内接线零乱，多股铜线大部分没有压接头或导线挂焊锡处理，这些问题在检查时应特别要注意，否则 PE 线可能连接不好，导致影响 TN-S 系统正常运行。

（六）电箱进出线保护措施

配电箱、开关箱中导线的进线和出线口应设在箱体的下底面，严禁设在上顶面、侧面、后面或箱门后。进出线应加护套分路成束，不得与箱体进出口直接接触。

1. 进出线口开在箱体的下底面，其开孔处要有防护橡圈，不能直接与开孔处相接触，主要考虑开孔处的刀面割伤导线。

2. 若进出线较多，可在箱体下底面开成长条形孔，开孔四周要有防护橡圈防护。

3. 应将同一供电回路的三相穿一个孔内，如孔径大穿不进去，可开成长条形孔。

（七）配电箱内多路配电标记

配电箱内一般供电回路不少于两个回路及其以上，如配电回路无标记，极易发生误操作，尤其是现场的操作人员记不住本供电开关，可能发生意外触电伤害事故。

（八）电箱材质要求

配电箱、开关箱应采用铁板或优质绝缘材料制作，铁板的厚度应大于 1.5mm。

（九）电箱门、锁、防雨措施

1. 配电箱无门则变成开启式，这对于复杂的施工现场是绝对禁止的，任何人都可以操作开关，施工用的材料易触碰，造成触电事故的可能性较大。

2. 无锁也同样存在上述情况，但也存在一旦发生紧急应停电情况，切断电源就无法进行，而必须找到电工来开锁，延误时间可能造成更大的人员伤害和机械损坏，较理想的办法是用双层门，里层为电工掌握锁住，外层为操作人员进行控制，只将开关把手露在外层间。

3. 防雨措施主要是怕雨水浸入电箱内造成电气线路短路发生事故。

（十）电箱名称、编号、责任人

1. 电箱应有名称，否则可能引起现场操作人员误操作。从供电系统来讲，总箱、分箱、开关箱是分辨不出其作用、功能的。

2. 电箱应有编号，否则可能造成现场供电混乱，当检修处理故障时、切断电箱时无编号和名称容易造成事故。

3. 电箱应有责任人负责，否则容易造成任意自流，半时的检查维护保证安全供电就不能得到有较落实。所有配电箱均应标明其名称、用途，并做出分路标。所有配电箱门应配锁，配电箱和开关箱应由专人负责。

第八章　建筑工程安全管理法律体系

法律体系是指一国现行法律规范按照不同的法律部门分类组合而成的有机联系的统一整体。安全生产法律体系是我国法律体系中的重要组成部分。

安全作为建筑施工的核心内容之一，包括建筑产品自身安全、毗邻建筑物的安全及施工人员人身安全等。建设工程质量也是通过建筑物的安全和使用情况来体现的。因此，建设活动的各个阶段、各个环节都应当围绕建设工程的质量和安全问题加以规范。

相关立法部门结合我国国情和行业特点制定了许多有关建筑安全的法规和行业标准，构成了以调整建筑工程生产活动中所产生的建筑工程生产活动中所涉及的安全生产各种社会关系为对象的法律体系，即建筑工程安全管理法律体系。建筑安全生产法律体系也是我国安全生产法律体系的重要组成部分，调整对象包括建筑活动的各参与主体之间的关系、各主体同从业人员的关系及政府主管部门与各主体和从业人员之间的关系等。

第一节　概述

一、法律体系的特征

建筑工程安全管理法律体系具有以下三个特点：

（一）对象的统一性

加强建筑安全生产监督管理，保障人民生命财产安全，预防和减少建筑生产安全事故，促进经济发展，是党和国家各级人民政府的重要任务之一。国家所有的建筑安全生产立法都体现了广大人民群众的最根本利益。

（二）相互关系的系统性和层次性

建筑安全管理法律体系是由母系统与若干子系统共同组成的。从具体法律规范上看，它是单个的；从法律体系上看，各个法律规范又是整个法律系统不可分割的组成部分。建筑安全管理法律体系的层级、内容和形式虽然有所不同，但是它们之间存在着相互依存、相互联系、相互衔接、相互协调的辩证统一关系。

（三）内容和形式的多样性

针对不同生产经营单位和各种突出的建筑安全生产问题，制定各种内容不同、形式不同的安全生产法律规范，调整各级人民政府之间、各类生产经营单位之间、公民之间在安全生产领域中产生的各种社会关系。这个特点决定了建筑安全产生立法的内容和形式各不相同的，它们所反映和解决的问题是不同的。

二、建筑安全管理法律体系框架

所有法律规范中，宪法是国家的根本法，具有最高的法律效力，是其他一切法律的立法基础，所有普通法律、法规都不得与宪法相抵触。在建筑活动中，政府监管部门、各参与单位及相关从业人员必须遵循相关的法律、法规及标准，同时应当了解法律、法规及标准各自的地位及相互关系。

建筑安全管理法律体系是以宪法为立法根据，以《建筑法》、《安全生产法》、《劳动法》等法律为母法，以《建设工程安全生产管理条例》、《安全生产许可证条例》等行政法规为主导，以《建筑安全生产监督管理规定》、《建筑施工企业安全生产许可证管理规定》、《生产安全事故报告和调查处理条例》等部门规章为配套，以大量的工程建设标准为技术性支持，以有关地方法规和规章以及我国加入的有关国际公约为补充，形成的一个多层级、多类型的法律体系。法律体系及层次见图8-1。

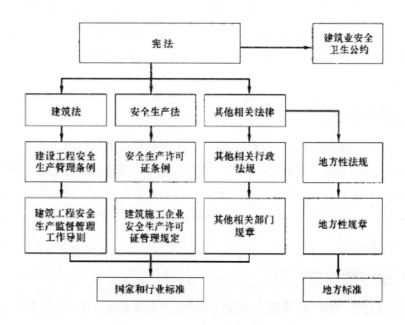

图8-1　建筑安全管理法律体系及层次

具体来讲，我国建筑安全管理法律法规体系分为以下几个层次：

（一）法律

这里指狭义的法律，即由享有立法权的国家机关依照一定的立法程序制定和颁布的规范性文件。在我国，只有全国人民代表大会及其常委会才有权制定和修订法律。法律的地位和效力仅次于宪法，高于行政法规、地方性法规和部门规章等。法律在中华人民共和国领域内具有约束力。

建筑安全管理法律一般是对建筑安全管理活动的宏观规定，侧重于政府机构、社会团体、企事业单位的组织、职能、权利、义务等，以及建筑安全生产组织管理和程序等进行的规定，是建筑安全管理法律体系的最高层次，具有最高法律效力。

（二）行政法规

行政法规是对法律条款进一步细化，是最高国家行政机关即国务院根据有关法律中授权条款和全国行政管理工作的需要制定的，一般以国务院令形式公布。法律地位和法律效力次于宪法和法律，但高于地方性法规和行政规章。行政法规在中华人民共和国领域内具有约束力。这种约束力体现在两个方面：一是具有约束国家行政机关自身的效力；二是具有约束行政管理相对人的效力。

（三）部门规章

部门规章是国务院各部门、各委员会、审计署等根据法律和行政法规的规定和国务院的决定，在本部门的权限范围内制定和发布的调整本部门范围内的行政管理关系的、并不得与宪法、法律和行政法规相抵触的规范性文件。主要形式是命令、指示、规章等。部门规章对全国有关行政管理部门具有约束力，但它的效力低于行政法规，一般以部令形式发布。

（四）国家标准

国家标准是在全国范围内统一的技术要求，由国务院标准化行政主管部门编制计划，协调项目分工，组织制定（含修订），统一审批、编号、发布。国家标准的年限一般为5年，过了年限后，就要修订或重新制定。此外，随着社会的发展，国家需要制定新的标准来满足人们生产、生活的需要。因此，标准是种动态信息。国家标准分为强制性国标（GB）和推荐性国标（GB/T）。

（五）地方性法规

地方性法规是省、自治区、直辖市人民代表大会及其常务委员会，根据本行政区的特点，在不与宪法、法律、行政法规相抵触下的情况制定的行政法规，仅在所辖行政区域内具有法律效力。地方性法规的法律地位和法律效力次于宪法、法律、行政法规，但高于地方规章。

省、自治区人民政府所在地的市，经济特区所在地的市和经国务院批准的较大的市的人民代表大会及其常委会根据本市的具体情况和实际需要，在不与宪法、法律、行政法规和本省、自治区的地方性法规相抵触的前提下，可以制定地方性法规，报所在地的省、自治区人民代表大会常务委员会批准后执行。

（六）地方性规章

地方性规章是指有地方性法规制定权的地方人民政府依照法律、行政法规、地方性法规或者本级人民代表大会及其常委会授权制定的在本行政区域内实施行政管理的规范性文件。仅在其行政区域内有效，其法律效力低于地方性法规。

（七）地方标准

地方标准是对没有国家标准和行业标准，但又需要在省、自治区、直辖市范围内统一的产品的安全和卫生要求，由省、自治区、直辖市标准化行政主管部门制定，并报国务院标准化行政主管部门备案。地方标准不得违反有关法律法规和国家行业强制性标准，在相应的国家标准行业标准实施后，地方标准应自行废止。在地方标准中凡法律法规规定强制性执行的标准，才可能有强制性地方标准。

（八）行业标准

行业标准是针对某个行业范围内需要统一的技术要求，而没有国家标准的情况下，由国务院有关行政主管部门制定的标准。需报国务院标准化行政主管部门备案。当同一内容的国家标准公布后，则该内容的行业标准即行废止。行业标准分为强制性标准和推荐性标准。

（九）国际条约

《民法通则》第一百四十二条规定："中华人民共和国缔结或者参加的国际条约同中华人民共和国的民事法律有不同规定的，适用国际条约的规定，但中华人民共和国声明保留的条款除外。中华人民共和国法律和中华人民共和国缔结或者参加的国际条约没有规定的，可以适用国际惯例"。

国际条约是国际法主体之间以国际法为准则，为确立其相互权利和义务而缔结的书面协议。国际惯例是指以国际法院等各种国际裁决机构的判例所体现或确认的国际法规则和国际交往中形成的共同遵守的不成文习惯。

第二节 部门规章

一、《建筑起重机械安全监督管理规定》中的相关内容

《建筑起重机械安全监督管理规定》（简称《监督规定》）于2008年1月8号经建设部第145次常务会议讨论通过和发布，自2008年6月1日起施行。该规定对于进一步明确建设主管部门行使建筑起重机械安全监管职责，遏制国内建筑工程起重机械事故频发的势头有着重要作用。

（一）目的和适用范围

《监督规定》制定的目的是为了加强建筑起重机械的安全监督管理，防止和减少生产安全事故，保障人民群众生命和财产安全。

《监督规定》的适用范围包括建筑起重机械的租赁、安装、拆卸、使用及其监督管理。本规定所称建筑起重机械，是指纳入特种设备目录，在房屋建筑工地和市政工程工地安装、拆卸、使用的起重机械。

（二）租赁管理制度

1. 出租单位出租的建筑起重机械应当具有特种设备制造许可证、产品合格证、制造监督检验证明。

2. 出租单位应当在签订的建筑起重机械租赁合同中，明确租赁双方的安全责任。

3. 建筑起重机械如果符合以下情形之一，出租单位应当予以报废并办理注销手续；属国家明令淘汰或者禁止使用的、超过安全技术标准或者制造厂家规定的使用年限、未能通过安全技术标准的检验。

4. 出租单位在建筑起重机械首次出租前，应当持建筑起重机械特种设备制造许可证、产品合格证和制造监督检验证明到本单位工商注册所在地县级以上地方人民政府建设主管部门办理备案。

5. 出租单位应当建立建筑起重机械安全技术档案。

（三）安装、拆卸管理制度

1. 建筑起重机械使用单位和安装单位应当在签订的建筑起重机械安装、拆卸合同中明确双方的安全生产责任。实行施工总承包的，施工总承包单位应当与安装单位签订建筑起重机械安装、拆卸工程安全协议书。

2. 从事建筑起重机械安装、拆卸活动的单位（以下简称安装单位）应当依法取得建设

主管部门颁发的相应资质和建筑施工企业安全生产许可证，并在其资质许可范围内承接建筑起重机械安装、拆卸工程。

3. 建筑起重机械安装完毕后，安装单位应当按照安全技术标准及安装使用说明书的相关要求对建筑起重机械进行自检、调试和试运转。

4. 安装单位应当按照建筑起重机械安装、拆卸工程专项施工方案及安全操作规程组织安装、拆卸作业。安装单位的专业技术人员、专职安全生产管理人员应当进行现场监督，技术负责人应当定期巡查。

5. 安装单位应当建立建筑起重机械安装、拆卸工程档案。

（四）使用和维护保养制度

1. 使用单位应当自建筑起重机械安装验收合格之日起 30 日内，将建筑起重机械安装验收资料、建筑起重机械安全管理制度、特种作业人员名单等，向工程所在地县级以上地方人民政府建设主管部门办理建筑起重机械使用登记。

2. 建筑起重机械安装完毕后，使用单位应当组织出租、安装、监理等有关单位进行验收，或者委托具有相应资质的检验检测机构进行验收。建筑起重机械经验收合格后方可投入使用。实行施工总承包的，由施工总承包单位组织验收。

3. 使用单位应当对在用的建筑起重机械及其安全保护装置、吊具、索具等进行经常性和定期的检查、维护和保养，并做好记录。

另外，《监督规定》还对安装单位、使用单位、施工总承包单位、监理单位应当履行的安全职责分别进行了详细规定。

二、《实施工程建设强制性标准监督规定》中的相关内容

《实施工程建设强制性标准监督规定》于 2000 年 8 月 21 日经第 27 次建设部常务会议通过，自 2000 年 8 月 25 日起施行。制定目的主要是为加强工程建设强制性标准实施的监督工作，保证建设工程质量，保障人民的生命、财产安全，维护社会公共利益。本规定共 24 条，主要规定了实施工程建设强制性标准的监督管理工作的政府部门，对工程建设各阶段执行强制性标准的情况实施监督的机构以及强制性标准监督检查的内容。

（一）主管部门

国务院建设行政主管部门负责全国实施工程建设强制性标准的监督管理工作。

国务院有关行政主管部门按照国务院的职能分工负责实施工程建设强制性标准的监督管理工作。

县级以上地方人民政府建设行政主管部门负责本行政区域内实施工程建设强制性标准的监督管理工作。

（二）强制性标准执行情况的监督

建设项目规划审查机关应当对工程建设规划阶段执行强制性标准的情况实施监督。

施工图设计文件审查单位应当对工程建设勘察、设计阶段执行强制性标准的情况实施监督。

建筑安全监督管理机构应当对工程建设施工阶段执行施工安全强制性标准的情况实施监督。

工程质量监督机构应当对工程建设施工、监理、验收等阶段执行强制性标准的情况实施监督。

工程建设标准批准部门应当定期对建设项目规划审查机关、施工图设计文件审查单位、建筑安全监督管理机构、工程质量监督机构实施强制性标准的监督进行检查。

（三）强制性标准监督检查的内容

1. 有关工程技术人员是否熟悉、掌握强制性标准；

2. 工程项目采用的材料、设备是否符合强制性标准的规定；

3. 工程项目的安全、质量是否符合强制性标准的规定；

4. 工程项目的规划、勘察、设计、施工、验收等是否符合强制性标准的规定；

5. 工程中采用的导则、指南、手册、计算机软件的内容是否符合强制性标准的规定。

三、《建筑施工企业安全生产许可证管理规定》中的相关内容

《建筑施工企业安全生产许可证管理规定》于 2004 年 6 月 29 日建设部第 37 次部常务会议讨论通过，2004 年 7 月 5 日建设部令第 128 号发布，自公布之日起施行。其目的是为了严格规范建筑施工企业安全生产条件，进一步加强安全生产监督管理，防止和减少生产安全事故。建筑施工企业未取得安全生产许可证的，不得从事建筑施工活动。

（一）安全生产条件

1. 建立健全安全生产责任制，制定完备的安全生产规章制度和操作规程；

2. 保证本单位安全生产条件所需资金的投入；

3. 主要负责人、项目负责人、专职安全生产管理人员经建设主管部门或者其他有关部门考核合格；

4. 特种作业人员经有关业务主管部门考核合格，取得特种作业操作资格证书；

5. 设置安全生产管理机构，按照国家有关规定配备专职安全生产管理人员；

6. 依法参加工伤保险，依法为施工现场从事危险作业的人员办理意外伤害保险，为从业人员交纳保险费；

7. 施工现场的办公、生活区及作业场所和安全防护用具、机械设备、施工机具及配件符合有关安全生产法律、法规、标准和规程的要求；

8. 管理人员和作业人员每年至少接受一次安全生产教育培训并考核合格；

9. 有对危险性较大的分部分项工程及施工现场易发生重大事故的部位、环节的预防、监控措施以及应急预案；

10. 有生产安全事故应急救援预案、应急救援组织或者应急救援人员，配备必要的应急救援器材、设备；

11. 有职业危害防治措施，并为作业人员配备符合国家标准或者行业标准的安全防护用具和安全防护服装；

12. 法律、法规规定的其他条件。

（二）安全生产许可证的申请

建筑施工企业申请安全生产许可证时，应当向建设主管部门提供下列材料：

1. 建筑施工企业安全生产许可证申请表；

2. 企业法人营业执照；

3. 安全生产条件规定的相关文件、材料。

建筑施工企业申请安全生产许可证，应当对申请材料实质内容的真实性负责，不得隐瞒有关情况或者提供虚假材料。

（三）安全生产许可证的颁发及有效期

建设主管部门应当自受理建筑施工企业的申请之日起 45 日内审查完毕；经审查符合安全生产条件的，颁发安全生产许可证；不符合安全生产条件的，不予颁发安全生产许可证，书面通知企业并说明理由。

安全生产许可证的有效期为 3 年。安全生产许可证有效期满需要延期的，企业应当于期满前 3 个月向原安全生产许可证颁发管理机关申请办理延期手续。

企业在安全生产许可证有效期内，严格遵守有关安全生产的法律法规，未发生死亡事故的，安全生产许可证有效期届满时，经原安全生产许可证颁发管理机关同意，不再审查，安全生产许可证有效期延期 3 年。

四、《建筑工程安全生产监督管理工作导则》中的相关内容

为加强建筑工程安全生产监管，完善管理制度，规范监管行为，提高工作效率，2005 年 10 月 13 日，建设部制定了《建筑工程安全生产监督管理工作导则》（以下简称《工作导则》），有利于进一步全面提高建筑工程安全生产监督管理工作水平。

（一）适用范围和基本原则

建筑工程安全生产监督管理，是指建设行政主管部门依据法律、法规和工程建设强制性标准，对建筑工程安全生产实施监督管理，督促各方主体履行相应安全生产责任，来控制和减少建筑施工事故发生，保障人民生命财产安全、维护公众利益的行为。适用于县级以上人民政府建设行政主管部门对建筑工程新建、改建、扩建、拆除和装饰装修工程等实施的安全生产监督管理。

建筑工程安全生产监督管理坚持"以人为本"理念，贯彻"安全第一、预防为主"的方针，依靠科学管理和技术进步，遵循属地管理和层级监督相结合、监督安全保证体系运行与监督工程实体防护相结合、全面要求与重点监管相结合、监督执法与服务指导相结合的原则。

（二）建筑工程监督管理制度规定

《工作导则》对各地建设行政主管部门建立和完善安全生产监督管理制度做出了明确规定，提出了 18 项制度。

建设行政主管部门应当依照有关法律法规，针对有关责任主体和工程项目，健全完善以下安全生产监督管理制度：建筑施工企业安全生产许可证制度、建筑施工企业"三类人员"安全生产任职考核制度、建筑工程安全施工措施备案制度、建筑工程开工安全条件审查制度、施工现场特种作业人员持证上岗制度、施工起重机械使用登记制度、建筑工程生产安全事故应急救援制度、危及施工安全的工艺、设备、材料淘汰制度等。

在总结各地经验的基础上，为提高行政管理效能，各地区建设行政主管部门可结合实际，在本级机关建立以下安全生产工作制度：建筑工程安全生产形势分析制度、建筑工程安全生产联络员制度、建筑工程安全生产预警提示制度、建筑工程重大危险源公示和跟踪整改制度、建筑工程安全生产监管责任层级监督与重点地区监督检查制度、建筑工程安全重特大事故约谈制度、建筑工程安全生产监督执法人员培训考核制度、建筑工程安全监督管理档案评查制度以及建筑工程安全生产信用监督和失信惩戒制度。

建设行政主管部门应结合本部门、本地区工作实际情况，不断创新安全监管机制，健全监管制度，改进监管方式，提高监管水平。

（三）施工企业安全生产许可证管理

《工作导则》中就安全生产层级监督管理、对施工单位的安全生产监督管理、对监理单位的安全生产监督管理、对建设、勘察、设计和其他单位的安全生产监督管理以及对施工现场的安全生产监督管理分别从监督检查的主要内容和主要方式分别提出了具体要求。其中，对施工企业安全生产许可证的动态监管给予特别关注，对于安全生产许可证的管理，应该着重把握以下几点：

1.要在施工许可环节严格把关。对于承建施工企业未取得安全生产许可证的工程项目，不得颁发施工许可证。

2.要继续严格审查颁发环节。对已经颁发的安全生产许可证按企业资质级别和类型进行统计，将未取得安全生产许可证的企业向社会公示。

3.要严肃追究有关主管部门的违法发证责任。对向不具备法定条件施工企业颁发安全生产许可证的，及向承建施工企业未取得安全生产许可证的项目颁发施工许可证的，要严肃追究有关主管部门及相关负责人的责任。

4.要严格执法。发现未取得安全生产许可证的施工企业从事施工活动的，严格按照《安全生产许可证条例》进行处罚。对发生重大事故的施工企业，要立即暂扣安全生产许可证，并严格对安全生产条件进行审查，审查结果不符合法律法规要求的，限期整改，整改后仍不合格的，吊销其安全生产许可证，同时将吊销的情况通报给资质管理部门，由其依法撤销或吊销施工资质证书。

第三节　法律

一、《中华人民共和国安全生产法》主要内容

《安全生产法》是我国第一部安全生产基本法律，是包括建筑企业在内的各类生产经营单位及其从业人员实现安全生产所必须遵循的行为准则，是各级人民政府及其有关部门进行安全生产监督管理和行政执法的法律依据，是制裁各种安全生产违法犯罪行为的法律武器。

（一）立法目的与适用范围

1.立法目的

《安全生产法》明确规定："为了加强安全生产监督管理，防止和减少生产安全事故，保障人民群众生命和财产安全；促进经济发展，制定本法。"这既是《安全生产法》的立法目的，又是法律所要解决的基本问题。《安全生产法》的立法指导思想、方针原则、法律条文都是围绕这个立法目的确定的。

在日常生产经营活动中，特别是建筑施工企业等高危行业的生产活动中存在着诸多不安全因素和隐患，如果缺乏充分的安全意识，没有采取有效预防和控制措施，各种潜在的危险就会出现，造成重大事故。由于生产经营活动的多样性和复杂性，要想完全避免安全事故还不现实。但只要对安全生产给予足够的重视，采取强有力的措施，事故是可以预防和减少的。

2.适用范围

《安全生产法》是对所有生产经营单位的安全生产普遍适用的基本法律。

（1）适用范围和主体

所有在中华人民共和国陆地、海域和领空的范围内从事生产经营活动的生产经营单位，必须依照《安全生产法》的规定进行生产经营活动，违法者必将受到法律制裁。

适用的主体为在中华人民共和国领域内从事生产经营活动单位企业、事业单位和个体经济组织。本法调整的是生产经营领的安全问题，因此，如果不是生产经营活动中的安全问题，比如已销售产品的质量安全问题，就不属于本法的调整范围。

（2）另有规定的情况

消防安全、道路交通安全、铁路交通安全、水上交通安全和民用航空安全等生产经营领域因为有着特殊性，所以国家出台了《消防法》、《铁路法》、《道路交通安全法》、《海上交通安全法》与《民用航空法》等法律专门调整，因此，有关法律、行政法规对这些领域另有规定的，应当分别使用有关法律、行政法规的规定。

（二）安全生产监督管理制度

安全生产的监督管理中的"监督"是广义上的监督，既包括政府及其有关部门的监督，也包括社会量的监督。具体有以下几个方面：

1.各级人民政府的安全生产职责

国务院和地方各级人民政府都应当加强对安全生产工作的领导。在现实中，具体的各种安全生产监督管理职责是由政府所属的有关部门来完成的，而各级人民政府的一个重要职责就在于支持、督促各有关部门依法履行安全生产监督管理职责。对于安全生产监督管理中的一些重大问题，比如关闭不符合安全生产条件的企业，淘汰危险、落后的工艺、设备等，由于负有安全生产监督管理职责的部门较多，不可避免的存在着一些由于有关部门职责交叉造成的难以解决的问题，都需要有关政府出面，统筹协调、依法解决。这是县级以上人民政府的应尽职责。如果政府领导人对安全生产中存在的重大问题麻木不仁、当断不断、久拖不决，由此引发生产安全事故，要承担失职、渎职的后果。

2.监管部门职责

《安全生产法》第九条规定："国务院安全生产监督管理部门依照本法，对全国安全生产工作实施综合监督管理；县级以上地方各级人民政府安全生产监督管理部门依照本法，对本行政区域内安全生产工作实施综合监督管理。国务院有关部门依照本法和其他有关法律、行政法规的规定，在各自的职责范围内对有关行业、领域的安全生产工作实施监督管理；县级以上地方各级人民政府有关部门依照本法和其他有关法律、法规的规定，在各自的职责范围内对有关行业、领域的安全生产工作实施监督管理。安全生产监督管理部门和对有关行业、领域的安全生产工作实施监督管理的部门，统称负有安全生产监督管理职责的部门。"

负责安全生产监督管理的部门包括国务院和县级以上地方人民政府负责安全生产监督管理的部门。国务院负责安全生产监督管理的部门是国家安全生产监督管理总局，对全国安全生产工作实施综合监督管理。县级以上地方人民政府负责安全生产监督管理的部门是指这些地方人民政府设立或者授权负责本行政区域内安全生产综合监督管理的部门，其中绝大多数属于安全生产监督管理局，依法对本行政区域内的安全生产工作实施综合监督管理。

有关部门是县级以上各级人民政府安全生产综合监督管理部门以外的负责专项安全生产监督管理的部门，包括国务院负责专项安全生产监督管理的部门和县级以上地方人民政府负责专项安全生产监督管理的部门。国务院有关部门是指公安部、交通部、铁道部、住房城乡建设部和国家质检总局等机构。国务院有关部门依照法律、行政法规规定，负责有关行业、领域的专项安全生产监督管理工作。如公安部负责消防安全、道路交通安全的监督管理工作，交通部负责道路建设和运输企业安全、水上交通等。

各级人民政府负责安全生产监督管理的部门不能取代其他各部门具体的安全生产监督管理工作，仅从综合监督管理安全生产工作的角度，指导、协调和监督这些部门的安全生产监督管理工作。因此，不论是国务院还是地方各级人民政府的各"有关部门"，都应该对本行业内的安全生产工作负责监督管用，即所谓行业监管。

负有安全生产监督管理职责的部门依法对生产经营单位执行有关安全生产的法律、法规和国家标准或者行业标准的情况进行监督检查，行使以下职权：

（1）进入生产经营单位进行检查，调阅有关资料，向有关单位和人员了解情况。

（2）对检查中发现的安全生产违法行为，当场予以纠正或者要求限期改正；对依法应当给予行政处罚的行为，依照本法和其他有关法律、行政法规的规定做出行政处罚决定。

（3）对检查中发现的事故隐患，应当责令立即排除；重大事故隐患排除前或者排除过程中无法保证安全的，应当责令从危险区域内撤出作业人员，责令暂时停产停业或者停止使用；重大事故隐患排除后，经审查同意，方可恢复生产经营和使用。

（4）对有根据认为不符合保障安全生产的国家标准或者行业标准的设施、设备、器材予以查封或者扣押，并应当在十五日内依法做出处理决定。

监督检查不得影响被检查单位的正常生产经营活动。根据这一要求，负有安全生产监督管理职责的部门履行监督检查职责时，应当注意以下几点：

（1）检查的内容应当严格限制在涉及安全生产的事项上。对于被检查单位和安全生产无关的生产经营方面的其他事项，不能予以干涉，同时不得向被检查单位提出与检查无关的其他要求。

（2）检查要讲究方式、方法。

（3）做出有关处理决定时要慎重、要严格依照有关规定。特别是不能在没有依据的情况下随意做出对被检查单位的生产经营活动有重大影响的查封、扣押有关设施、设备、器材或者责令暂时停产停业的决定。

3. 监察机关的监督职责

《中华人民共和国行政监察法》第二条规定："监察机关是人民政府行使监察职能的机关，依法对国家行政机关、国家公务员和国家行政机关任命的其他人员实施监察。"负有安全生产监督管理职责的部门属于行政机关，其工作人员是国家公务员，应当属于监察机关的监察对象。

为了加强对负有安全生产监督管理职责的部门及其工作人员履行安全生产监督管理职责的监督，《安全生产法》第六十一条规定："监察机关依照行政监察法的规定，对负有安全生产监督管理职责的部门及其工作人员履行安全生产监督管理职责实施监察"这是对监察机关依法对负有安全生产监督管理职责的部门及其工作人员依法履行职责实施监察的规定，也是和行政监察法有关规定的联系。

从性质上说，检察机关的监察是"对监督者的监督"。根据行政监察法关于监察机关管辖范围的规定，负有安全生产监督管理职责的国务院有关部门及其工作人员，有国务院监察机关负责实施监察；县级以上地方各级人民政府负有安全生产监督管理职责的部门及其工作人员，由本级人民政府监察机关负责实施监察。

监察机关依法对负有安全生产监督管理职责的部门及其工作人员履行安全生产监督管理职责实施监察，主要履行下列职责：

（1）检查负有安全生产监督管理职责的部门在遵守和执行法律、法规和人民政府的决定、命令中的问题。

（2）受理对负有安全生产监督管理职责的部门及其工作人员在履行安全生产监督检查职责时违反行政纪律行为的控告、检举。

（3）调查处理负有安全生产监督管理职责的部门及其工作人员违反行政纪律的行为。

4. 安全生产中介机构的监督职责

法律、法规一般要求生产经营单位必须进行相应的安全评价、认证、检测、检验。如，根据《危险化学品安全管理条例》第九条的规定，设立危险化学品生产、储存企业应当向有关主管部门提出申请，并提供一系列文件，其中包括安全评价报告。该条例第十七条还规定：生产、储存、使用剧毒化学品的单位，应当对本单位的生产、储存装置每年进行一次安全评价；生产、储存、使用其他危险化学品的单位，应当对本单位的生产、储存装置每两年进行一次安全评价。

承担安全评价、认证、检测，检验的机构属于服务性的中介机构，其主要职责是接受有关生产经营单位或者负有安全生产监督管理职责的部门的委托，进行相应的安全评价、认证、检测、检验等技术服务工作。安全评价、认证、检测、检验的结果已经成为生产经营单位安全生产管理以及负有安全生产监督管理的部门进行监督检查的重要参考，也已成为其对有关安全生产问题进行审批、决策的重要依据。因此，安全评价、认证、检测、检验对安全生产工作是一种技术上的监督，也是安全生产监督管理工作的重要组成部分。

为了使安全生产中介服务机构真正发挥对安全生产的监督作用，必须对这类中介服务机构及其活动进行必要的规范。因此，安全生产法规定，承担安全评价、认证、检测、检验的机构应当具备国家规定的条件，并对其做出的安全评价、认证、检测、检验的结果负责。

5. 社会的监督职责

（1）工会的监督

工会有权对建设项目的安全设施与主体工程同时设计、同时施工、同时投入生产和进行监督，并提出意见。

（2）基层群众性自治组织的监督

居民委员会、村民委员会负有报告已发现的事故隐患或者安全生产违法行为的义务。对于未发现的事故隐患或者安全生产违法行为，居民委员会、村民委员会不负有责任。

（3）单位和个人的监督

任何单位和个人对事故隐患和安全生产违法行为有权向负有安全生产监督管理职责的部门报告和举报，这是一项法定的权利，任何单位和个人不能予以剥夺，也不能阻挠、妨碍这项权利的行使，更不能对报告事故隐患或者举报安全生产违法行为的单位和个人予以打击、报复。对于打击、报复有关单位和人员的，依法追究其行政责任和刑事责任。

在依法赋予单位和个人报告生产安全事故隐患和举报安全生产违法行为的同时，为了调动单位和个人报告事故隐患、举报安全生产违法行为的积极性，《安全生产法》第六十六条还规定：“县级以上各级人民政府及其有关部门对报告重大事故隐患或者举报安全生产违法行为的有功人员，给予奖励。具体奖励办法由国务院负责安全生产监督管理的部门会同国务院财政部门制定。”这是对报告重大事故隐患或者举报安全生产违法行为的有功人员给予奖励的规定，也是根据实际出发做出的一条切实可行的规定。

（4）新闻媒体的监督

《安全生产法》第六十七条规定：“新闻、出版、广播、电影、电视等单位有进行安全生产宣传教育的义务，有对违反安全生产法律、法规的行为进行舆论监督的权利。”

这是对新闻媒体等宣传舆论单位的安全生产宣传教育义务和监督安全生产违法行为的权利的规定。任何单位和个人不得阻挠、干预对安全生产违法行为进行正常的舆论监督。舆论监督的对象包括生产经营单位及其管理人员、从业人员，也应当包括滥用职权或者不依法履行安全生产监督管理职责的政府部门及其工作人员。舆论监督主要采取对安全生产违法行为进行曝光的方式。实践中需要注意的是：对安全生产违法行为进行曝光，必须有充分的事实依据，不能捕风捉影，以避免造成不良影响。

（三）安全生产责任制度

1. 单位主要负责人的安全责任

管生产必须管安全，谁主管谁负责，这是我国安全生产工作长期坚持的一项基本原则。生产经营单位主要负责人必须是生产经营单位生产经营活动的主要决策人。主要负责人必须享有本单位生产经营活动包括安全生产事项的最终决定权，全面领导生产经营活动，如厂长、经理等，必须同时对单位的安全生产工作负责。

根据本条规定，生产经营单位的主要负责人对本单位的安全生产负有下列职责：

（1）建立、健全本单位的安全生产责任制。安全生产责任制即根据安全生产法律、法规，将企业各级负责人员、职能部门及其工作人员、工程技术人员和各岗位操作人员在安全生产方面应该做的事情，应负的责任加以明确规定的制度。

（2）组织制定本单位安全生产规章制度和操作规程。安全生产规章制度主要包括安全生产管理方面和安全技术方面的规章制度。安全操作规程是指在生产活动中，为消除能导致人身伤亡或造成设备、财产破坏以及危害环境的因素而制定的具体技术要求和实施程序的统一规定。

（3）保证本单位安全生产投入的有效实施。生产经营单位的主要负责人应当保证本单位安全生产方面的资金投入，并保证这项投入真正用于本单位的安全生产工作。

（4）生产经营单位的主要负责人应当经常性地对本单位的安全生产工作进行督促、检查，对检查中发现的问题及时解决，对单位的生产安全事故隐患及时予以排除。

（5）组织制定并实施本单位的生产安全事故应急救援预案。生产安全事故应急救援预案，是指生产经营单位根据本单位的实际情况，针对可能发生的事故的类别、性质、特点和范围等情况规定的事故发生时的组织、技术措施和其他应急措施。

（6）及时、如实报告生产安全事故。生产经营单位的主要负责人应当按照本法和有关法律、行政法规、规章的规定，及时、如实报告生产安全事故，不得隐瞒不报、谎报或者拖延报告。

2. 生产经营单位的安全生产责任

依法确定以生产经营单位作为主体、以依法生产经营为规范、以安全生产责任制为核心的安全生产管理制度。该项制度包含以下四方面内容：

一是确定了生产经营单位在安全生产中的主体地位；

二是规定了依法进行安全生产管理是生产经营单位的行为准则；

三是强调了加强管理、建章立制、改善条件是生产经营单位实现确保安全生产的必要措施；

四是明确了确保安全生产是建立、健全安全生产责任制的根本目的。

（四）从业人员的权利和义务制度

生产经营单位的从业人员有依法获得安全生产保障的权利，并应当依法履行安全生产方面的义务。

1. 从业人员的义务

（1）遵章守规、服从管理及正确佩戴和使用劳保用品的义务

从业人员在作业过程中，应当严格遵守本单位的安全生产规章制度和操作规程，服从管理，正确佩戴和使用劳动防护用品。

（2）接受安全培训、提高安全生产技能的义务

从业人员应当接受安全生产教育和培训，掌握本职工作所需的安全生产知识，提高安全生产技能，增强事故预防和应急处理能力。

安全教育培训的基本内容包括安全意识、安全知识和安全技能，这对预防、减少事故和人员伤亡，具有积极意义。

（3）发现事故隐患及时报告的义务

《安全生产法》第五十一条规定："从业人员发现事故隐患或者其他不安全因素，应当立即向现场安全生产管理人员或者本单位负责人报告；接到报告的人员应当及时予以处理。"

这就要求从业人员必须具有高度的责任心，防微杜渐，防患于未然，及时发现事故隐患和不安全因素，预防事故发生。

2. 从业人员的权利

《安全生产法》主要规定了各类从业人员必须享有的、有关安全生产和人身安全的最重要、最基本的权利。这些基本安全生产权利，可以概括为以下五项：

（1）工伤保险和伤亡求偿权

生产经营单位与从业人员订立的劳动合同，应当载明有关保障从业人员劳动安全、防止职业危害的事项，以及依法为从业人员办理工伤社会保险的事项。生产经营单位不得以任何形式与从业人员订立协议，免除或者减轻其对从业人员因生产安全事故伤亡依法应当承担的责任。

生产安全事故受到伤害的从业人员，除依法享有工伤社会保险外，依照有关民事法律尚有获得赔偿的权利的，有权向本单位提出赔偿要求。

生产经营单位必须依法参加工伤社会保险，为从业人员缴纳保险费。

（2）危险因素、防范措施和应急措施知情权

《安全生产法》第四十五条规定："生产经营单位的从业人员有权了解其作业场所和工作岗位存在的危险因素、防范措施及事故应急措施，有权对本单位的安全生产工作提出建议。"

要保证从业人员这项权利的行使，生产经营单位就有义务事前告知有关危险因素和事故应急措施。否则，生产经营单位就侵犯了从业人员的知情权，并对由此产生的后果承担相应的法律责任。

（3）停止作业和紧急撤离权

从业人员发现直接危及人身安全的紧急情况时，有权停止作业或者在采取可能的应急措施后撤离作业场所。生产经营单位不得因从业人员在钱款紧急情况下停止作业或者采取紧急撤离措施而降低其工资、福利等待遇或者解除与其订立的劳动合同。

（4）批评、检控和拒绝权

从业人员有权对本单位安全生产工作中存在的问题提出批评、检举、控告；有权拒绝违章指挥和强令冒险作业。生产经营单位不得因从业人员对本单位安全生产工作提出批评、检举、控告或者拒绝违章指挥、强令冒险作业而降低其工资、福利等待遇或者解除与其签订的劳动合同。

（五）安全生产保障制度

1.基础保障

（1）资金投入

《安全生产法》第十八条规定："生产经营单位应当具备的安全生产条件所必需的资金投入，由生产经营单位的决策机构、主要负责人或者个人经营的投资人予以保证，并对由于安全生产所必需的资金投入不足导致的后果承担责任。"

生产经营单位必须安排适当资金，用于改善安全设施，更新安全技术装备、器材、仪器、仪表以及其他安全生产投入，以保证生产经营单位达到法律、法规、标准规定的安全生产条件。

（2）劳动防护用品

《安全生产法》第三十七条规定："生产经营单位必须为从业人员提供符合国家标准或者行业标准的劳动防护用品，并监督、教育从业人员按照使用规则佩戴、使用。"

劳动防护用品都有使用期限，超过使用期限的劳动防护用品，生产经营单位必须及时更新。生产经营单位要加强使用劳动防护用品的教育和培训，监督、教育从业人员按照劳动防护用品的使用规则和防护要求正确佩戴、使用劳动防护用品，对不佩戴、不使用的从业人员要给予必要的处分。

（3）安全设施的"三同时"

《安全生产法》第二十四条规定："生产经营单位新建、改建、扩建工程项目（以下统称建设项目）的安全设施，必须与主体工程同时设计、同时施工、同时投入生产和使用。安全设施投资应当纳入建设项目概算。"

"三同时"是生产经营单位安全生产的重要保障措施，是一种事前保障措施。安全设施工程一经投入生产或者使用，不得擅自闲置或者拆除，确有必要闲置或者拆除，必须征得有关主管部门的同意。

（4）安全设施设计

安全设施设计的质量由设计人、设计单位负责。如果由于设计问题引发的事故，则依法追究设计人、设计单位的责任。为了保证安全设施设计不出问题，要做到安全设施的设计要经过充分论证，设计内容要符合国家有关安全生产的法律、法规、规范和标准的要求。

（5）工伤社会保险

《安全生产法》第四十三条规定："生产经营单位必须依法参加工伤社会保险，为从业人员缴纳保险费。"

2.组织和人员保障

（1）安全生产管理机构

安全生产管理机构指的是生产经营单位专门负责安全生产监督管理的内设机构，其工作人员都是专职安全生产管理人员。安全生产管理机构的作用是落实国家有关安全生产法律法规，组织生产经营单位内部各种安全检查活动，负责日常安全检查，及时整改各种事故隐患，监督安全生产责任制落实等。

具体设置安全生产管理机构或者配备多少专职安全生产管理人员合适，则应根据生产经营单位危险性的大小、从业人员的多少、生产经营规模的大小等因素确定。

（2）主要负责人和安全生产管理人员考核

《安全生产法》第二十条规定："生产经营单位的主要负责人和安全生产管理人员必须具备与本单位所从事的生产经营活动相适应的安全生产知识和管理能力。危险物品的生产、经营、储存单位以及矿山、建筑施工单位的主要负责人和安全生产管理人员，应当由有关主管部门对其安全生产知识和管理能力考核合格后方可任职。考核不得收费。"

考核的内容由有关主管部门来确定，一般包括下列内容：有关安全生产的法律、法规及有关本行业的规章、规程、规范和标准；有关本行业的安全生产知识；企业管理能力；事故应急救援和调查处理的知识；安全生产责任制。

（3）生产经营单位从业人员的教育和培训

《安全生产法》第二十一条规定："生产经营单位应当对从业人员进行安全生产教育和培训，保证从业人员具备必要的安全生产知识，熟悉有关的安全生产规章制度和安全操作规程，掌握本岗位的安全操作技能。未经安全生产教育和培训合格的从业人员，不得上岗作业。"

生产经营单位要采取多种途径，加强对从业人员的安全生产教育和培训。通过安全生产教育和培训，从业人员要达到以下要求：具备必要的安全生产知识；熟悉有关安全生产规章制度和操作流程；掌握本岗位的安全操作技能。

3. 管理保障

（1）设备安全管理

生产经营单位安全生产管理中普遍存在的一个突出问题，是许多安全设备的设计、制造、安装、使用、检测、维修、改造和报废，不符合国家标准或者行业标准。安全设备处于不安全状态，埋下事故隐患。因此，《安全生产法》第二十九条规定："安全设备的设计、制造、安装、使用、检测、维修、改造和报废，应当符合国家标准或者行业标准。生产经营单位必须对安全设备进行经常性维护、保养，并定期检测，保证设备的正常运转。维护、保养、检测应当做好记录，并由有关人员签字。"

（2）安全警示标志管理

生产经营作业中的场所、设施和设备，往往存在一些危险因素，容易被人忽视。为了加强作业现场的安全管理，有必要制作和设置以图形、符号、文字和色彩表示的安全警示标志，以提醒从业人员注意危险，防止事故发生。

（3）重大危险源管理

《安全生产法》第三十三条规定："生产经营单位对重大危险源应当登记建档，进行定期检测、评估、监控，并制定应急预案，告知从业人员和相关人员在紧急情况下应当采取的应急措施。生产经营单位应当按照国家有关规定将本单位重大危险源及有关安全措施、应急措施报有关地方人民政府负责安全生产监督管理的部门和有关部门备案。"

如果生产经营单位违反上述规定，对重大危险源未登记建档，或者未进行评估、监控，以及未制定应急预案的，将受到行政处罚或者刑事处罚。

（4）生产经营场所和员工宿舍管理

为保证生产设施、作业场所与周边建筑物、设施保持安全合理的空间，确保紧急疏散人员时畅通无阻，《安全生产法》第三十四条规定："生产、经营、储存、使用危险物品的车间、商店、仓库不得与员工宿舍在同一座建筑物内，并应当与员工宿舍保持安全距离。生产经营场所和员工宿舍应当设有符合紧急疏散要求、标志明显、保持畅通的出口。禁止封闭、堵塞生产经营场所或者员工宿舍的出口。"

（5）安全检查

《安全生产法》第三十八条规定："生产经营单位的安全生产管理人员应当根据本单位的生产经营特点，对安全生产状况进行经常性检查；对检查中发现的安全问题，应当立即处理；不能处理的，应当及时报告本单位有关负责人。检查及处理情况应当记录在案。"

要制定检查的计划，有目的地进行检查。要经常深入现场，及时发现生产作业中人的不安全行为、物的不安全状态和环境的不安全条件，对检查中发现的问题，必须立即处理。

（6）交叉作业安全管理

《安全生产法》第四十条规定："两个以上生产经营单位在同一作业区域内进行生产经营活动，可能危及对方安全生产的，应当签订安全生产管理协议，明确各自的安全生产管理职责和应当采取的安全措施，并指定专职安全生产管理人员进行安全检查与协调。"

安全生产管理协议应当明确协议各方的安全生产管理职责，管理职责要明确、具体，操作性要强，并落实到人。当某一事项双方都有安全生产管理责任时，必须明确由谁负主要责任，另一方给予配合。在安全生产管理协议中，必须写明安全措施。

（六）事故的应急救援与调查处理制度

1. 地方政府的事故应急救援职责

县级以上地方各级人民政府应当组织有关部门制定本行政区域内特大生产安全事故应急预案，建立应急救援体系。

2. 生产经营单位的事故应急救援职责

危险物品的生产、经营、储存单位以及矿山、建筑施工单位应当建立应急救援组织；生产经营规模较小，可以不建立应急救援组织的，应当指定兼职的应急救援人员。危险物品的生产、经营、储存单位以及矿山、建筑施工单位应当配备必要的应急救援器材、设备，并进行经常性维护、保养，保证设备正常运转。

3. 安全事故的报告和处理程序

生产经营单位发生生产安全事故后，事故现场有关人员应当立即报告本单位负责人。单位负责人接到事故报告后，应当迅速采取有效措施，组织抢救，防止事故扩大，减少人员伤亡和财产损失，并按照国家有关规定立即如实报告当地负有安全生产监督管理职责的部门，不得隐瞒不报、谎报或者拖延不报，不得故意破坏事故现场、销毁有关证据。

负有安全生产监督管理职责的部门接到事故报告后，应当立即按照国家有关规定上报事故情况。负有安全生产监督管理职责的部门和有关地方人民政府对事故情况不得隐瞒不报、谎报或者拖延不报。

有关地方人民政府和负有安全生产监督管理职责的部门的负责人接到重大生产安全事故报告后，应当立即赶到事故现场，组织事故抢救。任何单位和个人都应当支持、配合事故抢救，并提供一切便利条件。

4. 安全事故责任的追究制度

生产经营单位发生生产安全事故，经调查确定责任事故的，除了应当查明事故单位的责任并依法予以追究外，还应当查明对安全生产有关事项负有审查批准和监督职责的行政部门的责任，对有失职、渎职行为的，依照法律追究法律责任。

5. 事故调查处理的原则

事故调查处理应当按照实事求是、尊重科学的原则，及时、准确地查清事故原因，查明事故性质和责任，总结事故教训，提出整改措施，并对事故责任者提出处理意见。

6. 安全事故情况统计和公布制度

县级以上各级地方人民政府负责安全生产监督管理的部门应当定期统计分析本行政区域内发生生产安全事故的情况，并定期向社会公布。

二、《中华人民共和国建筑法》中的相关内容

1997 年 11 月 1 日第八届全国人民代表大会常务委员会第二十八次会议通过《中华人民共和国建筑法》（以下简称《建筑法》），该法从 1998 年 3 月 1 日起施行，是我国第一部关于工程建设的大法，为建筑施工行业及其主管部门做好安全工作，依法加强安全管理提供了有效的法律武器。

《建筑法》第一条中就明确提出立法的目的是："为了加强对建筑活动的监督管理，维护建筑市场秩序，保证建筑工程的质量和安全，促进建筑业健康发展。"

《建筑法》第五章用了整章篇幅明确了建筑安全生产管理的基本方针、管理体制、安全责任制度、安全教育培训制度等规定，对加强建筑安全生产管理，规范安全生产行为，保障人民群众生命和财产的安全，具有非常重要的意义。具体内容如下：

（一）基本方针和基本制度

建筑工程安全生产管理必须坚持安全第一、预防为主的方针，建立健全安全生产的责任制度和群防群治制度。

所谓坚持安全第一、预防为主的方针，是指在建筑生产活动中，应当将保证生产安全放到第一位，在管理、技术等方面采取能够确保生产安全的预防性措施，防止建筑工程事故发生。安全生产责任制度和群防群治制度是安全第一、预防为主方针在生产过程中的具体体现。

（二）安全生产保证制度

1. 安全技术管理制度

安全技术管理制度主要包括建筑工程设计和施工组织设计阶段安全生产制度的规定。

建筑工程设计应当符合国家规定制定的建筑安全规程和技术规范，保证工程的安全性能。涉及建筑主体和承重结构变动的装修工程，建设单位应当在施工前委托原设计单位或者具有相应资质条件的设计单位提出设计方案；没有设计方案的，不得施工。

建筑施工企业在编制施工组织设计时，应当根据建筑工程的特点制定相应的安全技术措施；对专业性较强的工程项目，应当采用专项安全施工组织设计，并采取安全技术措施。

2. 安全生产责任制度

建筑施工企业必须依法加强对建筑安全生产的管理，执行安全生产责任制度，采取有效措施，防止伤亡和其他安全生产事故的发生。

建筑施工企业的安全生产制度是由企业内部各个不同层次的安全生产责任制度所构成的保障生产安全的责任体系，具体包括企业的法定代表人对企业的安全生产负全面责任，企业的各职能机构的负责人及工作人员的责任和岗位人员所应负的安全生产责任制。

3.安全生产教育制度

建筑施工企业应当建立健全安全生产教育培训制度,加强对职工安全生产的教育培训;未经安全生产教育培训的人员,不得上岗作业。

4.意外伤害保险制度

建筑施工企业必须为从事危险作业的职工办理意外伤害保险,支付保险费。由建筑施工企业为其从事危险作业的职工办理的意外伤害保险,属于强制性保险,无论建筑施工企业是否愿意,都必须依法办理本条规定的保险,以保障从事危险作业的职工的利益。

5.安全责任负责制度

施工现场安全由建筑施工企业负责。实行施工总承包的,由总承包单位负责。分包单位向总承包单位负责,服从总承包单位对施工现场的安全生产管理。

6.事故救援及报告制度

施工中发生事故时,建筑施工企业应当采取紧急措施减少人员伤亡和事故损失,并按照国家有关规定及时向有关部门报告。

7.拆除工程安全保证制度

房屋拆除应当由具备保证安全条件的建筑施工单位承担,由建筑施工单位负责人对安全负责。建筑施工单位的负责人是建筑施工企业的行政管理人员,不仅对拆除业务活动负责,还应当对拆除过程中的安全负责。

（三）施工现场安全管理制度

1.施工现场及毗邻环境安全措施制度

建筑施工企业应当在施工现场采取维护安全、防范危险、预防火灾等措施;有条件的,应当对施工现场实行封闭管理。

施工现场对毗邻的建筑物、构筑物和特殊作业环境可能造成损害的,建筑施工企业应当采取安全防护措施。

2.防治环境污染和危害制度

建筑施工企业应当遵守有关环境保护和安全生产的法律、法规的规定,采取控制和处理施工现场的各种粉尘、废气、废水、固体废物以及噪声、振动对环境污染和危害的措施。

3.地下管线的保护制度

建设单位应当向建筑施工企业提供与施工现场相关的地下管线资料,建筑施工企业应当采取措施加以保护。关于建筑施工企业采取有关保护地下管线措施的费用问题,需要由建设单位与施工企业在合同中做出具体的约定。

（四）建设单位的义务

有下列情形之一的,建设单位应当按照国家有关规定办理申请批准手续:

1.需要临时占用规划批准范围以外场地的;

2. 可能损坏道路、管线、电力、邮电通讯等公共设施的；

3. 需要临时停水、停电、中断道路交通的；

4. 需要进行爆破作业的；

5. 法律、法规规定的需要办理报批的其他情形。

（五）施工企业和作业人员的义务

建筑施工企业和作业人员在施工过程中，应当遵守有关安全生产的法律、法规和建筑行业安全规章、规程，不得违规指挥或者违章作业。

（六）作业人员的权利

作业人员有权对影响人身健康的作业程序和作业条件提出整改意见，有权获得安全生产所需的防护用品。作业人员对危及生命安全和人身健康的行为有权提出批评、检举和控告。

（七）行政主管部门的职责

建设行政主管部门负责建筑安全生产的管理，并依法接受劳动行政主管部门对建筑安全生产的指导和监督。

建设行政主管部门对建筑安全生产的行业管理，并不影响政府其他有关部门按照各自的职责，对涉及有关专业建筑活动的建筑工程实施的监督管理。劳动行政主管部门对建筑安全生产进行指导和监督，既包括对直接从事建筑活动的企业和单位的安全生产管理情况的指导和监督，也包括对同级和下级人民政府建设行政主管部门对建筑安全生产活动的行业管理工作的指导和监督。

三、其他有关法律主要内容

（一）《中华人民共和国劳动法》中相关内容

《中华人民共和国劳动法》于 1994 年 7 月 5 日第八届全国人民代表大会常务委员会第八次会议通过，1994 年 7 月 5 日中华人民共和国主席令第二十八号公布，自 1995 年 1 月 1 日起施行。相关规定如下：

1. 用人单位的义务

用人单位必须依法建立和完善规章制度，保障劳动者享有劳动权利和履行劳动义务。具体而言，用人单位必须建立健全劳动安全卫生制度，严格执行国家劳动安全卫生规章制度和标准，对劳动者进行劳动安全卫生教育，防止劳动过程中的事故，减少职业危害。

另外，用人单位必须为劳动者提供符合国家规定的劳动安全卫生条件和必要的劳动防护用品，对从事有职业危害作业的劳动者应当定期进行健康检查。

2. 劳动者的义务

劳动者应当提高职业技能，执行劳动安全卫生规程，遵守劳动纪律和职业道德。

从事特种作业的劳动者必须经过专门培训并取得特种作业资格。

劳动者在劳动过程中必须严格遵守安全操作流程。

3. 劳动者的权利

劳动者享有获得劳动安全卫生保护的权利，劳动者对用人单位管理人员违章指挥、强令冒险作业，有权拒绝执行；对危害生命安全和身体健康的行为，有权提出批评、检举和控告。

4. 伤亡事故和职业病统计报告和处理制度

国家建立伤亡事故和职业病统计报告和处理制度。县级以上各级人民政府劳动行政部门、有关部门和用人单位应当依法对劳动者在劳动过程中发生的伤亡事故和劳动者的职业病状况，进行统计、报告和处理。

5. "三同时"原则

劳动安全卫生设施必须符合国家规定的标准。新建、改建、扩建工程的劳动安全卫生设施必须与主体工程同时设计、同时施工、同时投入生产和使用。

（二）《中华人民共和国消防法》中的相关内容

《中华人民共和国消防法》已由中华人民共和国第十一届全国人民代表大会常务委员会第五次会议于 2008 年 10 月 28 日修订通过，自 2009 年 5 月 1 日起施行。《消防法》的立法目的是为了预防火灾和降低火灾危害，加强应急救援工作，保护人身、财产安全，维护公共安全。与建设工程安全生产密切相关的规定如下：

1. 建设工程的消防设计、施工必须符合国家工程建设消防技术标准。建设、设计、施工、工程监理等单位依法对建设工程的消防设计、施工质量负责。按照国家工程建设消防技术标准需要进行消防设计的建设工程，除另有规定的外，建设单位应当自依法取得施工许可之日起七个工作日内，将消防设计文件报公安机关消防机构备案，公安机关消防机构应当进行抽查。依法应当经公安机关消防机构进行消防设计审核的建设工程，未经依法审核或者审核不合格的，负责审批该工程施工许可的部门不得给予施工许可，建设单位、施工单位不得施工；其他建设工程取得施工许可后经依法抽查不合格的，应当停止施工。

2. 按照国家工程建设消防技术标准需要进行消防设计的建设工程竣工，依照下列规定进行消防验收、备案：

（1）国务院公安部门规定的大型的人员密集场所和其他特殊建设工程，建设单位应当向公安机关消防机构申请消防验收；

（2）其他建设工程，建设单位在验收后应当报公安机关消防机构备案，公安机关消防机构应当进行抽查。

依法应当进行消防验收的建设工程，未经消防验收或者消防验收不合格的，禁止投入使用；其他建设工程经依法抽查不合格的，应当停止使用。

3.建筑构件、建筑材料和室内装修、装饰材料的防火性能必须符合国家标准；没有国家标准的，必须符合行业标准。人员密集场所室内装修、装饰，应当按照消防技术标准的要求，使用不燃、难燃材料。

4.有下列行为之一的，责令停止施工、停止使用或者停产停业，并处三万元以上三十万元以下罚款：

（1）依法应当经公安机关消防机构进行消防设计审核的建设工程，未经依法审核或者审核不合格，擅自施工的；

（2）消防设计经公安机关消防机构依法抽查不合格，不停止施工的；

（3）依法应当进行消防验收的建设工程，未经消防验收或者消防验收不合格，擅自投入使用的；

（4）建设工程投入使用后经公安机关消防机构依法抽查不合格，不停止使用的；

（5）公众聚集场所未经消防安全检查或者经检查不符合消防安全要求，擅自投入使用、营业的。

建设单位未依照本法规定将消防设计文件报公安机关消防机构备案，或者在竣工后未依照本法规定报公安机关消防机构备案的，责令限期改正，处五千元以下罚款。

5.有下列行为之一的，责令改正或者停止施工，并处一万元以上十万元以下罚款：

（1）建设单位要求建筑设计单位或者建筑施工企业降低消防技术标准设计、施工的；

（2）建筑设计单位不按照消防技术标准强制性要求进行消防设计的；

（3）建筑施工企业不按照消防设计文件和消防技术标准施工，降低消防施工质量的；

（4）工程监理单位与建设单位或者建筑施工企业串通，弄虚作假，降低消防施工质量的。

（三）《中华人民共和国刑法》中的相关内容

1997年3月14日，第八届全国人民代表大会第五次会议通过修订的《中华人民共和国刑法》（以下简称《刑法》），自1997年10月1日起施行。并分别于1999年、2001年、2002年、2005年、2006年、2009年和2011年进行了八次修正。有关建设工程安全生产的主要规定如下：

1.重大责任事故罪

《刑法》第一百三十四条规定："在生产、作业中违反有关安全管理的规定，因而发生重大伤亡事故或者造成其他严重后果的，处三年以下有期徒刑或者拘役；情节特别恶劣的，处三年以上七年以下有期徒刑。强令他人违章冒险作业，因而发生重大伤亡事故或者造成其他严重后果的，处五年以下有期徒刑或者拘役；情节特别恶劣的，处五年以上有期徒刑。"

2. 重大劳动安全事故罪

《刑法》第一百三十五条规定："安全生产设施或者安全生产条件不符合国家规定，因而发生重大伤亡事故或者造成其他严重后果的，对直接负责的主管人员和其他直接责任人员，处三年以下有期徒刑或者拘役；情节特别恶劣的，处三年以上七年以下有期徒刑。"

3. 危险物品肇事罪

《刑法》第一百三十六条规定："违反爆炸性、易燃性、放射性、毒害性、腐蚀性物品的管理规定，在生产、储存、运输、使用中发生重大事故，造成严重后果的，处三年以下有期徒刑或者拘役；后果特别严重的，处三年以上七年以下有期徒刑。"

4. 工程重大安全事故罪

《刑法》第一百三十七条规定："建设单位、设计单位、施工单位、工程监理单位违反国家规定，降低工程质量标准，造成重大安全事故的，对直接责任人员，处五年以下有期徒刑或者拘役，并处罚金；后果特别严重的，处五年以上十年以下有期徒刑，并处罚金。"

第四节　行政法规

一、《建设工程安全生产管理条例》中的相关内容

《建设工程安全生产管理条例》（简称《条例》）经 2003 年 11 月 12 日国务院第 28 次常务会议通过，2003 年 11 月 24 日公布，自 2004 年 2 月 1 日起施行。立法目的是为了加强建设工程安全生产监督管理，保障人民群众生命和财产安全。

《条例》的调整范围主要包括：一是在中华人民共和国境内从事建设工程的新建、扩建、改建和拆除等有关活动；二是建设单位、勘察单位、设计单位、施工单位、工程监理单位及其他与建设工程安全生产有关的单位的生产行为；三是实施对建设工程安全生产的监督管理。

《条例》规定了建设工程安全生产必须坚持"安全第一、预防为主"的方针。建设工程的安全生产关系到人民群众的生命和财产安全，关系到社会稳定和经济持续健康发展。这是我国长期安全生产工作经验的总结，建设工程的安全生产管理也必须坚持此方针。

（一）勘察、设计、工程监理及其他有关单位的安全责任

安全生产是一个系统工程，在施工现场由施工单位总负责，但与施工安全有关的，不仅仅是施工单位，从生产安全事故的原因分析，不少是与其他单位有关。勘察单位的勘察

文件是设计和施工的基础材料和重要依据，勘察文件的质量又直接关系到设计工程质量和安全性能。设计单位的设计文件质量又关系到施工安全操作、安全防护以及作业人员和建设工程的主体结构安全。工程监理单位是保证建设工程安全生产的重要一方，对保证施工单位作业人员的安全起着重要的作用。施工机械设备生产、租赁、安装以及检验检测机构等与工程建设有关的其他单位是否依法从事相关活动，直接影响到建设工程安全。

1.设计单位的安全责任

（1）设计单位应当按照法律、法规和工程建设强制性标准进行设计，防止因设计不合理导致生产安全事故的发生。

（2）设计单位应当考虑施工安全操作和防护的需要，对涉及施工安全的重点部位和环节在设计文件中注明，并对防范生产安全事故提出指导意见。

下列涉及施工安全的重点部位和环节应当在设计文件中注明，施工单位开始作业前，设计单位应当就设计意图、设计文件向施工单位做出说明和技术支持，并对防范生产安全事故提出指导意见：

① 地下管线的防护：地下管线的种类和具体位置、地下管线的安全保护措施；

② 外电防护：外电与建筑物的距离、外电电压、应采用的防护措施、设置防护设施施工时应注意的安全作业事项、施工作业中的安全注意事项等；

③ 深基坑工程：基坑侧壁选用的安全系数、护壁、支护结构选型、地下水控制方法及验算、承载能力极限状态和正常状态的设计计算和验算、支护结构计算和验算、质量检测及施工监控要求、采取的方式方法、安全防护设施的设置以及安全作业注意事项等；对于特殊结构的砼模板支护，设计单位应当提供模板支撑系统结构图及计算书。

（3）采用新结构、新材料、新工艺的建设工程和特殊结构的建设工程，设计单位应当在设计中提出保障施工作业人员安全和预防生产安全事故的措施建议。

（4）设计单位和注册建筑师等注册执业人员应当对其设计负责。

我国对设计行业实行建筑师和结构工程师的个人执业注册制度，并规定注册建筑师、注册结构工程师必须在规定的执业范围内对本人负责的建设工程设计文件实行签字盖章制度。

2.工程监理单位的安全责任

工程监理单位应当贯彻落实安全生产方针政策，督促施工单位按照施工安全生产法律、法规和标准组织施工，消除施工过程中的冒险性、盲目性和随意性，落实各项安全技术措施，有效地杜绝各类安全隐患，杜绝、控制和减少各类伤亡事故，实现安全生产。

3.勘察单位的安全责任

（1）勘察单位应当按照法律、法规和工程建设强制性标准进行勘察，提供的勘察文件应当真实、准确，满足建设工程安全生产的需要。勘察的成果，即勘察文件，是建设项目规划、选址和设计的重要依据，勘察文件的准确性、科学性极大地影响着建设项目的规划、选址和设计的正确性。

（2）勘察单位在勘察作业时，应当严格执行操作规程，采取措施保证各类管线、设施和周边建筑物、构筑物的安全。

4.其他有关单位的安全责任

（1）提供机械设备和配件的单位的安全责任。为建设工程提供机械设备和配件的单位，应当按照安全施工的要求配备齐全有效的保险、限位等安全设施和装置。

（2）出租单位的安全责任。一是出租机械设备、施工机具及配件，应当具有生产（制造）许可证、产品合格证。二是应当对出租机械设备、施工机具及配件的安全性能进行检测，在签订租赁协议时，应当出具检测合格证明。三是禁止出租检测不合格的机械设备、施工机具及配件。

（3）现场安装、拆卸单位的安全责任。一是在施工现场安装、拆卸施工起重机械和整体提升脚手架、模板等自升式架设设施，必须由具有相应的资质的单位承担。二是安装、拆卸起重机械、整体提升脚手架、模板等自升式架设设施，应当制定拆装方案、制定安全施工措施，并由专业技术人员现场监督。三是施工起重机械、整体提升脚手架、模板等自升式架设设施安装完毕后，安装单位应当自检，出具自检合格证明，并向施工单位进行安全使用说明，办理验收手续并签字。

施工起重机械、整体提升脚手架、模板等自升式架设设备的使用达到国家规定的检验检测期限的，必须经具有专业资质的检验检测机构检测。经检测不合格的，不得继续使用。检验检测机构对检测合格的施工起重机械和整体提升脚手架、模板等自升式架设设备，应当出具安全合格证明文件，并对检测结果负责。

（二）建设单位的安全责任

1.建设单位不得对勘察、设计、施工、工程监理等单位提出不符合建设工程安全生产法律、法规和强制性标准规定的要求，不得压缩合同约定的工期。

2.建设单位在制定工程概算时，应当确定建设工程安全作业环境及安全施工措施所需费用。对于建设单位未提供安全生产费用的，责令限期改正，逾期未改正的，责令该建设工程停止施工。

3.建设单位应当向施工单位提供施工现场及毗邻区域内供水、排水、供电、供气、供热、通信、广播电视等地下管线资料，气象和水文观测资料，相邻建筑物和构筑物、地下工程的有关资料，并确保资料的真实、准确、完整。建设单位因建设工程需要，向有关部门或者单位查询钱款规定的资料时，有关部门或者单位应当及时提供。

这里强调了四个方面内容：一是施工资料的真实性，不得伪造、篡改；二是施工资料的科学性，必须经过科学论证，数据准确；三是施工资料的完整性，必须齐全，能够满足施工需求；四是有关部门和单位应当协助提供施工资料，不得推诿。

4.建设单位在申请领取施工许可证时，应当提供建设工程有关安全施工措施的资料。安全施工措施是工程施工中，针对工程的特点、施工现场环境、施工方法、劳动组织、作业方法、使用的机械、动力设备、变配电设施、驾设工具以及各项安全防护设施等制定的确保安全施工的措施，是施工组织设计的一项重要内容。

5.建设单位不得明示或者暗示施工单位购买、租赁、使用不符合安全施工要求的安全防护用具、机械设备、施工机具及配件、消防设施和器材。

6.建设单位应当将拆除工程外包给具有相应资质等级的施工单位。

（三）施工单位的安全责任

施工单位是工程建设活动中的重要主体之一，在施工安全中居于核心地位，是绝大部分生产安全事故的直接责任方。《建设工程安全生产管理条例》对施工单位的市场准入、施工单位的安全生产行为规范和安全生产条件以及施工单位主要负责人、项目负责人、安全管理人员和作业人员的安全责任，做出了明确的规定。

1.施工单位安全生产条件

施工单位从事建设工程的新建、扩建、改建和拆除等活动，应当具备国家规定的注册资本、专业技术人员、技术装备和安全生产等条件，依法取得相应等级的资质证书，并在其资质等级许可的范围内承揽工程。

2.安全责任和安全生产制度

施工单位主要负责人依法对本单位的安全生产工作全面负责。施工单位的项目负责人应当由取得相应执业资格的人员担任，对建设工程项目的安全施工负责，落实安全生产责任制度、安全生产规章制度和操作规程，确保安全生产费用的有效使用，并根据工程的特点组织制定安全施工措施，消除安全事故隐患，及时、如实报告生产安全事故。

施工单位应当建立健全安全生产责任制度和安全生产教育培训制度，制定安全生产规章制度和操作规程，保证保障本单位安全生产条件所需资金的投入，对所承担的建设工程进行定期和专项安全检查，并做好安全检查记录。

3.安全生产费用必须专款专用

施工单位对列入建设工程概算的安全作业环境及安全施工措施所需费用，应当用于施工安全防护用具及设施的采购和更新、安全施工措施的落实、安全生产条件的改善，不得挪作他用。

4.施工前的交底制度

建设工程施工前，施工单位负责项目管理的技术人员应当对有关安全施工的技术要求向施工作业班组、作业人员做出详细说明，并由双方签字确认。

5.安全生产管理机构的设置和专职安全生产管理人员的配备

施工单位应当设立安全生产管理机构，配备专职安全生产管理人员。专职安全生产管理人员负责对安全生产进行现场监督检查。发现安全事故隐患，应当及时向项目负责人和安全生产管理机构报告；对违章指挥、违章操作的，应当立即制止。

6. 总承包单位与分包单位安全责任的划分

建设工程实行施工总承包的，由总承包单位对施工现场的安全生产负总责。

总承包单位应当自行完成建设工程主体结构的施工。总承包单位依法将建设工程分包给其他单位的，分包合同中应当明确各自安全生产方面的权利、义务。总承包单位和分包单位对分包工程的安全生产承担连带责任。

分包单位应当服从总承包单位的安全生产管理，分包单位不服从管理导致生产安全事故的，由分包单位承担主要责任。

7. 特种作业人员的资格管理

垂直运输机械作业人员、安装拆卸工、爆破作业人员、起重信号工、登高架设作业人员等特种作业人员，必须按照国家有关规定经过专门的安全作业培训，并取得特种作业操作资格证书后，方可上岗作业。

8. 安全警示标志和危险部位的安全防护措施

施工单位应当在施工现场入口处、施工起重机械、临时用电设施、脚手架、出入通道口、楼梯口、电梯井口、孔洞口、桥梁口、隧道口、基坑边沿、爆破物及有害危险气体和液体存放处等危险部位，设置明显的安全警示标志。安全警示标志必须符合国家标准。

施工单位应当根据不同施工阶段以及周围环境及季节、气候的变化，在施工现场采取相应的安全施工措施。施工现场暂时停止施工的，施工单位应当做好现场保护，所需费用由责任方承担，或者按照合同约定执行。

9. 施工现场的安全管理

施工现场的安全管理工作量大、涉及面广，需要全面加强。具体包括下列内容：

（1）毗邻建筑物、构筑物和地下管线和现场围栏的安全管理。

（2）现场消防安全管理。

（3）保障施工人员的人身安全。

（4）施工现场安全防护用具、机械设备、施工机具和配件的管理。

（5）起重机械、脚手架、模板等设施的验收、检验和备案。

10. 人身意外伤害保险办理

施工单位应当为施工现场从事危险作业的人员办理意外伤害保险。

意外伤害保险费由施工单位支付。实行施工总承包的，由总承包单位支付意外伤害保险费。意外伤害保险期限自建设工程开工之日起至竣工验收合格止。

（四）监督管理

1. 日常监督检查措施

县级以上人民政府负有建设工程安全生产监督管理职责的部门在各自的职责范围内履行安全监督检查职责时，有权采取下列措施：

（1）要求被检查单位提供有关建设工程安全生产的文件和资料；

（2）进入被检查单位施工现场进行检查；

（3）纠正施工中违反安全生产要求的行为；

（4）对检查中发现的安全事故隐患，责令立即排除；重大安全事故隐患排除前或者排除过程中无法保证安全的，责令从危险区域内撤出作业人员或者暂时停止施工。

2. 安全施工措施的审查

建设行政主管部门在审核发放施工许可证时，应当对建设工程是否有安全施工措施进行审查，对没有安全施工措施的，不得颁发施工许可证。

（五）生产安全事故的应急救援和调查处理

1. 应急救援预案

县级以上地方人民政府建设行政主管部门应当根据本级人民政府的要求，制定本行政区域内建设工程特大生产安全事故应急救援预案；施工单位应当制定本单位生产安全事故应急救援预案；施工单位应当根据建设工程施工的特点、范围，对施工现场易发生重大事故的部位、环节进行监管，制定施工现场生产安全事故应急救援预案。

2. 事故报告

施工单位发生生产安全事故时，应当按照国家有关伤亡事故报告和调查处理的规定，及时、如实地向负责安全生产监督管理的部门、建设行政主管部门或者其他有关部门报告；特种设备发生事故的，还应当同时向特种设备安全监督管理部门报告。接到报告的部门应当按照国家有关规定，如实上报。

实行施工总承包的建设工程，由总承包单位负责上报事故。

3. 事故现场保护

发生生产安全事故后，施工单位应当采取措施防止事故扩大，保护事故现场。需要移动现场物品时，应当做出标记和书面记录，妥善保管有关证物。

二、《安全生产许可证条例》中的相关内容

制定《安全生产许可证条例》的目的就是为了严格规范安全生产条件，进一步加强安全生产监督管理，防止和减少生产安全事故发生，对危险性较大、易发生事故的企业实行严格的安全生产许可证制度，提高高危行业的准入门槛。其主要内容如下：

（一）安全生产许可制度的适用范围

国家对矿山企业、建筑施工企业和危险化学品、烟花爆竹、民用爆破器材生产企业（以下统称企业）实行安全生产许可制度。

企业未取得安全生产许可证的，不得从事生产活动。

（二）取得安全生产许可证的条件

企业取得安全生产许可证，应当具备下列安全生产条件：

1. 建立、健全安全生产责任制，制订完备的安全生产规章制度和操作规程。

2. 设置安全生产管理机构，配备专职安全生产管理人员。

3. 主要负责人和安全生产管理人员经考核合格。

4. 安全投入符合安全生产要求。

5. 从业人员经安全生产教育和培训合格。

6. 依法参加工伤保险，为从业人员缴纳保险费。

7. 特种作业人员经有关业务主管部门考核合格，取得特种作业人员操作资格证书。

8. 厂房、作业场所和安全设施、设备、工艺符合有关安全生产法律、法规、标准和规程的要求。

9. 有职业危害防治措施，并为从业人员配备符合国家标准或者行业标准的劳动保护用品。

10. 有重大危险源检测、评估、监控措施和应急预案。

11. 有生产安全事故应急救援预案、应急救援组织或者应急救援人员，配备必要的应急救援器材、设备。

12. 依法进行安全评价。

13. 法律、法规规定的其他条件。

关于"法律、法规规定的其他条件"的规定，是指有关法律、行政法规对高危生产企业的安全生产条件另有规定的，应当遵守其规定。应当注意的是，"法律、法规规定的其他条件"并不只限于法律、行政法规的直接规定，还包括法律、行政法规规定必须具备的国家标准或者行业标准、安全规程和行业技术规范中设定的安全生产条件。

（三）安全生产许可证的申领

企业进行生产前，应当依照本条例的规定向安全生产许可证颁发管理机关申请领取安全生产许可证，并提供规定的相关文件、资料。安全生产许可证颁发管理机关应当自收到申请之日起 45 日内审查完毕，经审查符合本条例规定的安全生产条件的，颁发安全生产许可证；不符合本条例规定的安全生产条件的，不予颁发安全生产许可证，书面通知企业并说明理由。

（四）建筑施工企业安全生产许可证的颁发和管理

1. 发证对象

施工单位不论是否具有法人资格，都要取得相应等级的资质，并申请领取建筑施工许可证。

鉴于建筑施工活动具有流动性大、独立作业的特点，除了将建筑施工企业作为安全生产许可证的发证对象外，也要考虑安全生产许可证与施工单位资质等级和施工许可证发证对象的一致性，对独立从事建筑施工活动的施工单位颁发安全生产许可证。

2. 发证机关

国务院建设行政主管部门负责中央管理的建筑施工企业安全生产许可证的颁发和管理。除中央管理的建筑施工企业以外的其他建筑施工企业，都要向省级建设行政主管部门申请领取安全生产许可证，而后再向工程所在地县级以上建设行政主管部门申请领取建筑施工许可证。

（五）安全生产许可证的有效期及期满延期

1. 安全生产许可证的有效期为 3 年。

2. 有效期满需要延期的，企业应当于期满前 3 个月向原安全生产许可证颁发管理机关办理延期手续。

3. 企业在安全生产许可证有效期内，严格遵守有关安全生产的法律法规，未发生死亡事故的，安全生产许可证有效期届满时，经原安全生产许可证颁发管理机关同意，不再审查，安全生产许可证有效期延期 3 年。

（六）许可证颁发管理机关工作人员的责任

1. 在安全生产许可证颁发、管理和监督检查工作中，不得索取或者接受企业的财物，不得谋取其他利益。

2. 安全生产许可证颁发管理机关工作人员有下列行为之一的，给予降级或者撤职的行政处分；构成犯罪的，依法追究刑事责任：

（1）向不符合本条例规定的安全生产条件的企业颁发安全生产许可证的；

（2）发现取得安全生产许可证的企业不再具备规定的安全生产条件，不依法处理的；

（3）接到违反规定行为的举报后，不及时处理的；

（4）发现企业未依法取得安全生产许可证擅自从事生产活动，不依法处理的；

（5）在安全生产许可证颁发、管理和监督检查工作中，索取或者接受企业的财物，或者谋取其他利益的。

（七）安全生产许可违法行为的法律责任

1. 未取得安全生产许可证擅自进行生产的，责令停止生产，没收违法所得，并处 10 万元以上 50 万元以下的罚款；造成重大事故或者其他严重后果，构成犯罪的，依法追究刑事责任。

2. 安全生产许可证有效期满未办理延期手续，继续进行生产的，责令停止生产，限期补办延期手续，没收违法所得，并处 5 万元以上 10 万元以下的罚款；逾期仍不办理延期手续，继续进行生产的，依照未取得安全生产许可证擅自进行生产的规定处罚。

3.转让安全生产许可证的，没收违法所得，处10万元以上50万元以下的罚款，并吊销其安全生产许可证；构成犯罪的，依法追究刑事责任；接受转让的，依照未取得安全生产许可证擅自进行生产的规定处罚。

4.冒用或者使用伪造的安全生产许可证的，依照未取得安全生产许可证擅自进行生产的规定处罚。

（八）安全生产许可证的监督管理

1.颁发管理机关应当建立安全生产许可证档案管理制度，并定期向社会公布企业取得安全生产许可证的情况。

2.建筑施工企业安全生产许可证颁发管理机关应当每年向同级安全生产监督管理部门通报其安全生产许可证颁发和管理情况。

3.国务院和省级安全生产监督管理部门对建筑施工企业取得安全生产许可证的情况进行监督。

4.企业不得转让、冒用安全生产许可证或者使用伪造的安全生产许可证。

5.企业取得安全生产许可证后，不得降低安全生产条件，并接受安全生产许可证颁发管理机关的监督检查。

6.安全生产许可证颁发管理机关应当加强对取得安全生产许可证的企业的监督检查，发现企业不再具备规定的安全生产条件的，应当暂扣或者吊销其安全生产许可证。

三、《特种设备安全监察条例》中的相关内容

《特种设备安全监察条例》自2003年6月1日施行，2009年1月24日，国务院公布了《国务院关于修改〈特种设备安全监察条例〉的决定》，并于2009年5月1日起施行。本条例是我国第一部关于特种设备安全监督管理的专门法规。条例规定了特种设备设计、制造、安装、改造、维修、使用、检验检测全过程安全监察的基本制度，对于加强特种设备的安全管理，防止和减少事故，保障人民群众生命、财产安全起到了重要作用。

特种设备是指涉及生命安全、危险性较大的锅炉、压力容器（含气瓶）、压力管道、电梯、起重机械、客运索道、大型游乐设施和场（厂）内专用机动车辆。它们是国民经济和社会生活中重要的基础设备、设施。

条例规定，特种设备生产、使用单位应当建立健全特种设备安全、节能管理制度和岗位安全、节能责任制度，应当保证必要的安全和节能投入；特种设备生产、使用单位的主要负责人应当对本单位特种设备的安全和节能全面负责。另外要求特种设备生产、使用单位和特种设备检验检测机构，应当保证必要的安全和节能投入。

条例同时规定，县级以上地方人民政府应当督促、支持特种设备安全监督管理部门依

法履行安全监察职责，对特种设备安全监察中存在的重大问题及时予以协调、解决；任何单位和个人对违反本条例规定的行为，有权向特种设备安全监督管理部门和行政监察等有关部门举报。

四、《生产安全事故报告和调查处理条例》中的相关内容

《生产安全事故报告和调查处理条例》（简称《事故条例》）经 2007 年 3 月 28 日国务院第 172 次常务会议通过，2007 年 4 月 9 日公布，自 2007 年 6 月 1 日起施行。制定本条例的目的是为了规范生产安全事故的报告和调查处理，落实生产安全事故责任追究制度，防止和减少生产安全事故发生。主要内容如下：

（一）适用范围

条例作为《安全生产法》的配套行政法规，其适用范围仅限于生产经营活动中发生的造成人身伤亡或者直接经济损失的生产安全事故。这就意味着，不属于生产安全事故的社会事件、自然灾害事故、医疗事故等的报告和调查处理，不适用本条例的规定。

（二）事故报告的总体要求及事故调查处理原则和任务

根据条例的规定，事故调查处理的主要任务和内容包括以下几个方面：

1. 及时、准确地查清事故经过、事故原因和事故损失；

2. 查明事故性质，认定事故责任；

3. 总结事故教训，提出整改措施；

4. 对事故责任者依法追究责任。

（三）生产安全事故等级的划分

根据生产安全事故（以下简称事故）造成的人员伤亡或者直接经济损失，事故一般分为以下等级：

1. 特别重大事故，是指造成 30 人以上死亡，或者 100 人以上重伤（包括急性工业中毒，下同），或者 1 亿元以上直接经济损失的事故；

2. 重大事故，是指造成 10 人以上 30 人以下死亡，或者 50 人以上 100 人以下重伤，或者 5000 万元以上 1 亿元以下直接经济损失的事故；

3. 较大事故，是指造成 3 人以上 10 人以下死亡，或者 10 人以上 50 人以下重伤，或者 1000 万元以上 5000 万元以下直接经济损失的事故；

4. 一般事故，是指造成 3 人以下死亡，或者 10 人以下重伤，或者 1000 万元以下直接经济损失的事故。

国务院安全生产监督管理部门可以会同国务院有关部门，制定事故等级划分的补充性规定。

（四）事故调查

1. 安全事故调查权

（1）特别重大事故由国务院或者国务院授权有关部门组织事故调查组进行调查。

（2）重大事故、较大事故、一般事故分别由事故发生地省级人民政府、设区的市级人民政府、县级人民政府负责调查。省级人民政府、设区的市级人民政府、县级人民政府可以直接组织事故调查组进行调查，也可以授权或者委托有关部门组织事故调查组进行调查。

（3）未造成人员伤亡的一般事故，县级人民政府可以直接组织事故调查组进行调查，也可以委托事故发生单位组织事故调查组进行调查。

（4）上级人民政府认为必要时，可以调查由下级人民政府负责调查的事故。

（5）特别重大事故以下等级事故，事故发生地与事故发生单位不在同一个县级以上行政区域的，由事故发生地人民政府负责调查，事故发生单位所在地人民政府应当派人参加。

2. 事故调查组

（1）事故调查组的组成原则

事故调查组的组成要精简，这是缩短事故处理时限、降低事故调查处理成本、尽最大可能提高工作效率的前提。

（2）事故调查组的组成人员

事故调查组由有关人民政府、安全生产监督管理部门、负有安全生产监督管理职责的有关部门、监察机关、公安机关以及工会派人组成，并应当邀请人民检察院派人参加。事故调查组可以聘请有关专家参与调查。

（3）事故调查组成员的基本条件

事故调查组成员应具有事故调查所需要的知识和专长，包括专业技术知识、法律知识等，且与所调查的事故没有利害关系，主要是为了保证事故调查的公正性。

（4）事故调查组组长及其职权

事故调查组组长由负责事故调查的人民政府指定。事故调查组组长主持事故调查组的工作。

（5）事故调查组职责

事故调查组履行下列职责：

① 查明事故发生的经过、原因、人员伤亡情况及直接经济损失；

② 认定事故的性质和事故责任；

③ 提出对事故责任者的处理建议；

④ 总结事故教训，提出防范和整改措施；

⑤提交事故调查报告。

（6）事故调查组职权

事故调查组有权向有关单位和个人了解与事故有关的情况，并要求其提供相关文件、资料，有关单位和个人不得拒绝。

（7）事故调查组成员行为规范

事故调查组成员在事故调查工作中应当诚信公正、恪尽职守，遵守事故调查组的纪律，保守事故调查的秘密。未经事故调查组组长允许，事故调查组成员不得擅自发布有关事故的信息。

（8）事故调查时限

事故调查组应当自事故发生之日起 60 日内提交事故调查报告；特殊情况下，经负责事故调查的人民政府批准，提交事故调查报告的期限可以适当延长，但延长的期限最长不得超过 60 日。

3.事故调查报告内容

事故调查报告应当包括以下内容：

（1）事故发生单位概况；

（2）事故发生经过和事故救援情况；

（3）事故造成的人员伤亡和直接经济损失；

（4）事故发生的原因和事故性质；

（5）事故责任的认定以及对事故责任者的处理建议；

（6）事故防范和整改措施。

事故调查报告应当附具有关证据材料。事故调查组成员应当在事故调查报告上签名。

（五）事故报告

1.事故报告程序

（1）事故发生后，事故现场有关人员应当立即向本单位负责人报告；单位负责人接到报告后，应当于 1 小时内向事故发生地县级以上人民政府安全生产监督管理部门和负有安全生产监督管理职责的有关部门报告。情况紧急时，事故现场有关人员可以直接向事故发生地县级以上人民政府安全生产监督管理部门和负有安全生产监督管理职责的有关部门报告。

（2）安全生产监督管理部门和负有安全生产监督管理职责的有关部门接到事故报告后，应当按规定上报事故情况，并通知公安机关、劳动保障行政部门、工会和人民检察院，应当同时报告本级人民政府。

（3）安全生产监督管理部门和负有安全生产监督管理职责的有关部门逐级上报事故情况，每级上报的时间不得超过 2 小时。

（4）事故报告后出现新情况的，应当及时补报。自事故发生之日起30日内，事故造成的伤亡人数发生变化的，应当及时补报。道路交通事故、火灾事故自发生之日起7日内，事故造成的伤亡人数发生变化的，应当及时补报。

2. 报告事故内容

报告事故应当包括下列内容：

（1）事故发生单位概况；

（2）事故发生的时间、地点以及事故现场情况；

（3）事故的简要经过；

（4）事故已经造成或者可能造成的伤亡人数（包括下落不明的人数）和初步估计的直接经济损失；

（5）已经采取的措施；

（6）其他应当报告的情况。

3. 事故应急救援

（1）事故发生单位负责人接到事故报告后，应当立即启动事故相应应急预案，或者采取有效措施，组织抢救，防止事故扩大，减少人员伤亡和财产损失。

（2）事故发生地有关地方人民政府、安全生产监督管理部门和负有安全生产监督管理职责的有关部门接到事故报告后，其负责人应当立即赶往事故现场，组织事故救援。

4. 事故现场保护

事故发生后，有关单位和人员应当妥善保护事故现场以及相关证据，任何单位和个人不得破坏事故现场、毁灭相关证据。

因抢救人员、防止事故扩大以及疏通交通等原因，需要移动事故现场物件的，应当做出标志，绘制现场简图并做出书面记录，妥善保存现场重要痕迹、物证。

（六）事故处理

1. 事故调查批复主体、批复时限及批复落实

对于重大事故、较大事故、一般事故，负责事故调查的人民政府应当自收到事故调查报告之日起15日内做出批复；特别重大事故，30日内做出批复，特殊情况下，批复时间可以适当延长，但延长的时间最长不超过30日。

有关机关应当按照人民政府的批复，依照法律、行政法规规定的权限和程序，对事故发生单位和有关人员进行行政处罚，对负有事故责任的国家工作人员进行处分。

事故发生单位应当按照负责事故调查的人民政府的批复，对本单位负有事故责任的人员进行处理。

负有事故责任的人员涉嫌犯罪的，依法追究刑事责任。

2. 防范和整改措施的落实及其监督

事故发生单位应当认真吸取事故教训，落实防范和整改措施，防止事故再次发生。防

范和整改措施的落实情况应当接受工会和职工的监督。

安全生产监督管理部门和负有安全生产监督管理职责的有关部门应当对事故发生单位落实防范和整改措施的情况进行监督检查。

3.事故处理情况的公布

事故处理的情况由负责事故调查的人民政府或者其授权的有关部门、机构向社会公布，依法应当保密的除外。

五、《国务院关于进一步加强安全生产工作的决定》中的相关内容

国务院于2004年1月9日公布了《国务院关于进一步加强安全生产工作的决定》。《决定》指出，安全生产关系人民群众的生命财产安全，关系改革发展和社会稳定大局。为了进一步加强安全生产工作，尽快实现我国安全生产局面的根本好转，特作了如下决定：

（一）提高认识，明确指导思想和奋斗目标

正确认识安全生产工作的地位和作用，进一步增强责任感、使命感和紧迫感。自觉坚持用"三个代表"重要思想统领安全生产工作的全局，坚持"安全第一、预防为主"的基本方针，进一步强化政府对安全生产工作的领导，大力推进安全生产各项工作，落实生产经营单位安全生产主体责任，加强安全生产监督管理。力争到2020年，我国安全生产状况实现根本性好转，国内生产总值死亡率、十万人死亡率等指标达到或者接近世界中等发达国家水平。

（二）完善政策，大力推进安全生产各项工作

主要包括加强产业政策的引导、加大政府对安全生产的投入、深化安全生产专项整治、健全完善安全生产法制、建立生产安全应急救援体系以及加强安全生产科研和技术开发等工作内容。

（三）完善制度，加强安全生产监督管理

要制订全国安全生产中长期发展规划，明确年度安全生产控制指标，建立全国和分省（区、市）的控制指标体系，对安全生产情况实行定量控制和考核。

县级以上各级地方人民政府要依照《安全生产法》的规定，建立健全安全生产监管制度，充实必要的人员；各级安全生产监管监察机构要增强执法意识，做到严格、公正、文明执法。

在各行业的行政许可制度中，把安全生产作为一项重要内容，从源头上制止不具备安全生产条件的企业进入市场。各地区可结合实际，依法对建筑施工领域从事生产经营活动的企业，收取一定数额的安全生产风险抵押金。另外要加强对小企业的安全生产监管。

（四）强化管理，落实生产经营单位安全生产主体责任

强化生产经营单位安全生产主体地位，进一步明确安全生产责任，全面落实安全保障的各项法律法规。生产经营单位必须对所有从业人员进行必要的安全生产技术培训，生产经营活动和行为必须符合安全生产有关法律法规和安全生产技术规定的要求，做到规范化和标准化。

建立企业提取安全费用制度，形成企业安全生产投入的长效机制。进一步提高企业生产安全事故伤亡赔偿标准，建立企业负责人自觉保障安全投入，努力减少事故的机制。

（五）加强领导，形成齐抓共管的合力

在地方政府的统一领导下，调动好、运用好、协调好各方面的积极因素，共同做好安全生产工作。地方各级人民政府要建立健全领导干部安全生产责任制，把安全生产作为干部政绩考核的重要内容，各级安全生产监管部门要发挥对同级政府的参谋作用、对相关部门的协调作用和对下级安全生产监管部门的督促指导作用，努力构建"政府统一领导、部门依法监管、企业全面负责、群众参与监督、全社会广泛支持"的安全生产工作格局。

参考文献

[1] 檀建成，刘东娜，杨平编 . 建筑工程施工组织与管理 [M]. 北京：清华大学出版社，2022.10.

[2] 吴松勤，戚立强编 . 建筑工程施工质量验收应用讲座 [M]. 北京：中国建材工业出版社，2022.10.

[3] 曹晓岩，王金泉，殷心心编 . 建筑工程安全标准化管理 图解版 [M]. 北京：中国电力出版社，2022.10.

[4] 于芳潇 . 浅论建筑工程施工与绿色建筑工程 [J]. 房地产导刊，2023，（第 4 期）：150-152.

[5] 赵振华 . 建筑工程强化建筑工程安全管理 [J]. 越野世界，2022，（第 12 期）：148-150.

[6] 虞艇艇 . 建筑工程监理与建筑工程质量探究 [J]. 门窗，2022，（第 12 期）：136-138.

[7] 牛利刚 . 建筑工程管理和建筑工程技术研究 [J]. 中文科技期刊数据库（引文版）工程技术，2022，（第 6 期）：4-6.

[8] 马兵，王勇，刘军作 . 建筑工程管理与结构设计 [M]. 长春：吉林科学技术出版社，2022.08.

[9] 严胤杰，刘滔，李振洪编 . 建筑工程建设及工程设施安装研究 [M]. 长春：吉林科学技术出版社，2022.08.

[10] 刘太阁，杨振甲，毛立飞编 . 建筑工程施工管理与技术研究 [M]. 长春：吉林科学技术出版社，2022.08.

[11] 刘迪章编 . 建筑工程经济与项目管理研究 [M]. 延吉：延边大学出版社，2022.08.

[12] 姜守亮，石静，王丹作 . 建筑工程经济与管理研究 [M]. 长春：吉林科学技术出版社，2022.08.

[13] 赵琳 . 建筑工程施工的安全管理 [J]. 新材料（新装饰），2022，（第 10 期）：139-141.

[14] 唐国强，李健 . 浅析建筑工程施工组织设计与施工安全技术措施 [J]. 建筑与装饰，2023，（第 2 期）：159-161.

[15] 马百强 . 基于建筑工程安全施工管理与人员管理的研究 [J]. 砖瓦，2022，（第 7 期）：

106-108.

[16] 赵海洋 . 建筑工程施工组织管理存在问题及对策 [J]. 中国航班 ,2023,（第 13 期）.

[17] 杨龙龙 . 建筑施工安全管理在工程项目管理中的应用 [J]. 砖瓦 ,2023,（第 4 期）：122-125.

[18] 詹大煌 . 建筑工程施工组织管理中存在的问题及对策研究 [J]. 国际建筑学 ,2019,（第 2 期）：22-25.

[19] 李玲 1, 吴国玲 2. 基于建筑工程的安全管理组织分析 [J]. 现代工业经济和信息化 ,2016,（第 17 期）：118-119.

[20] 段福才 . 建筑工程现场施工中安全措施和施工技术管理 [J]. 装饰装修天地 ,2020,（第 23 期）：33.

[21] 李波 . 关于建筑工程施工现场安全管理的思考 [J]. 陶瓷 ,2020,（第 8 期）：136-137.

[22] 王大旭 , 杨正红 . 组织管理在建筑工程施工中的应用 [J]. 城市建设理论研究（电子版）,2016,（第 13 期）.

[23] 杨帆 . 我国建筑施工安全管理问题研究 [J]. 城市建设理论研究（电子版）,2016,（第 12 期）.

[24] 韩伟 . 建筑工程现场施工技术管理策略研究 [J]. 砖瓦世界 ,2019,（第 18 期）：200.

[25] 王学全作 . 建筑工程施工与监理常识 [M]. 北京：中国建筑工业出版社 ,2022.08.